這本書屬於：

....

新雅・知識館
兒童必讀的STEAM百科❶（修訂版）

作　　者：莉莎・伯克（Lisa Burke）
顧　　問：羅伯特・温斯頓（Robert Winston）
翻　　譯：羅睿琪
責任編輯：葉楚溶、黃楚雨
美術設計：歐偉澄、郭中文
出　　版：新雅文化事業有限公司
香港英皇道499號北角工業大廈18樓
電話：(852) 2138 7998
傳真：(852) 2597 4003
網址：http://www.sunya.com.hk
電郵：marketing@sunya.com.hk
發　　行：香港聯合書刊物流有限公司
香港荃灣德士古道220-248號荃灣工業中心16樓
電話：(852) 2150 2100
傳真：(852) 2407 3062
電郵：info@suplogistics.com.hk
印　　刷：中華商務彩色印刷有限公司
香港新界大埔汀麗路36號
版　　次：二〇二三年九月初版
二〇二四年十月第二次印刷

For the curious
www.dk.com

ISBN: 978-962-08-8231-9

18/F, North Point Industrial Building, 499 King's Road, Hong Kong
Published in Hong Kong SAR, China
Printed in China

兒童必讀的 STEAM 百科 1 (修訂版)

作者 / 莉莎・伯克
顧問 / 羅伯特・温斯頓

新雅文化事業有限公司
www.sunya.com.hk

目錄

推薦序

外界早已預言，21世紀將會是創新科技及數碼資訊的時代，所以學界發展STEAM教育，對新一代至為重要。STEAM教育的五大元素：科學、科技、工程、藝術、數學，對小朋友並非一些神秘或遙不可及的東西，他們其實每日都接觸得到，也需要明白身邊每個大自然現象和每件科技用品的原理。太陽為什麼從東方升起？這涉及科學的理論；我們為什麼可以透過手提電話與遠方的親友視像通話？這個則可以用科技方法來解釋。另外，藝術看似跟科技無關，其實美感、文化傳承、人性化設計等思維，才是創作科技發明的最關鍵元素。

好好打造一個STEAM教育的根基，就需要從閱讀開始。《兒童必讀的STEAM百科》系列正是一套全面而啟人心智的STEAM教育書籍，它透過深入淺出的文字解釋，配合大量炫目驚喜的圖像，顯示了小朋友身邊總是出現的科學現象及每日接觸到的科技發明：近至自身人體的秘密，遠至宇宙誕生的奧妙；小至一顆螺絲的形狀，大至一座橋樑的原理，一套兩冊已經容納了整個世界、整個宇宙。此外，這系列也精心設計了五個有趣的代言角色，分別代表S、T、E、A、M五大元素，清晰了各範疇的特點，讓讀者能輕易理解，不再混淆。

《兒童必讀的STEAM百科》第一冊早於2018年出版，然後於2019年已在第16屆十本好讀（小學組）獲得教師推薦好讀的第五位，可見這是學界一直渴求的百科全書。該系列於2020年出版第二冊《生活實踐100例》，運用更多生活例子補充說明，同樣受到歡迎。系列多年來已經重印多次，到了現在的修訂版，出版社為了令內容更能迎合香港學界情況，特別把文字重新審視及修訂，加入了大量本港的科技例子，以輔助教師在課堂教學，可見誠意十足。

本人從事STEAM教育多年，亦多次帶領學生參加各地的科技發明比賽，眼看學生的頭腦越來越靈活、運用科技的技巧越來越熟練，但要真正掌握科技、創造未來的重要根基，始終是正確的科學概念和跨領域的綜合能力。因此，本人推薦《兒童必讀的STEAM百科》系列給所有希望了解STEAM的人，這系列必定可以成為親子共讀或師生參考的優良科學讀物。

香港STEAM教育學會主席

黃金耀博士

認識STEAM團隊

STEAM團隊由不同的學科組成。它們互相合作，為你展示世界到底是如何運作的。

科學
(Science)

以提問和尋找答案的方式，讓你了解事物的原理。

科技
(Technology)

運用科學去創造出新的機器，並開創更有效率的做事方法。

工程
(Engineering)

運用科學、科技和數學，為不同的問題尋找和設計出解決方案。

藝術

(Art)

運用想像力和發揮個人風格，
巧妙地創造出新事物。

數學

(Maths)

圍繞數字、規律來解決難題。

宇宙

　　宇宙包含了圍繞我們身邊的一切事物。我們能看見宇宙的一部分，但大部分我們都無法看見。宇宙是一個巨大廣闊的空間，主要由漫無邊際的太空組成，裏面有數以十億計的星系，每個星系裏都有數以百萬顆的星體。

大爆炸

天文學家相信宇宙是在約140億年前，由微細的一點爆炸所誕生的。這個過程被稱為「大爆炸」（Big Bang）。在大爆炸發生之前，宇宙並不存在。時至今日，宇宙仍在不斷擴張。

光行走的速度非常快，但由於太空太遼闊，光也需要時間才能來到我們面前。這就是說，當我們望向宇宙時，我們只能看見過去發生的事情！光一年大約能行走10兆公里。科學家將這段距離稱為1光年，並以光年來用作量度太空裏遠距離的單位。

宇宙裏星體的數量比地球上所有沙灘的沙粒總數還要多。

哈勃望遠鏡在距離地球
表面約600公里的上空
運行。這張宇宙照片就
是它拍下來的！
天文學家就是研究
宇宙的科學家。
宇宙中的星體和星系
相距甚遠，在這個空曠的
地方，氣溫非常低。

我們位處的太陽系
是在大爆炸發生數
十億年後才形成。

太陽系

太陽系是由最接近我們的恆星——太陽，以及圍繞着它運行的所有東西組成。當中包括了行星、衞星、彗星、小行星、較細小的岩石和塵埃。

科學家將太陽歸類為黃矮星。

我們的恆星

太陽是一顆中等大小的恆星。太陽強大的引力會牽引各個行星，令它們不斷圍繞太陽運轉。

水星是太陽系裏最小的行星，它的體積只比月球大一點。

水星

金星

金星的表面有成千上萬個火山。

人們發明了很多方法來研究和探索太陽系。

地球

地球是唯一一個我們已知又肯定擁有生命的行星。

火星又被稱為「紅色行星」，因為它沙塵滾滾的地面上布滿了紅色的鐵鏽。

火星

很多太空船曾到訪火星，研究火星上的天氣、表面構造和岩層狀況。

小行星帶

科學家認為小行星帶裏，擁有很多行星形成時留下的岩石。

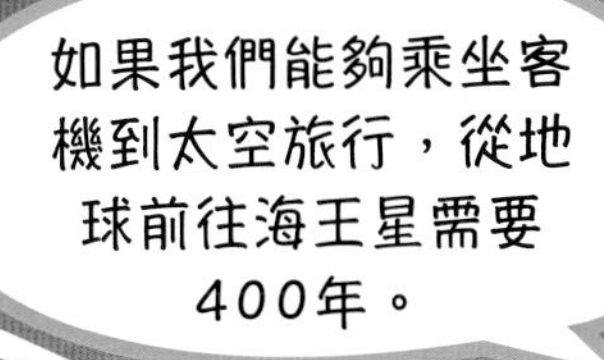

凱伯帶

凱伯帶是太陽系中非常遙遠的部分，那裏是冰封的矮行星和彗星的家。

冥王星

冥王星是凱伯帶中最巨大的矮行星。

海王星

海王星是距離太陽最遠的行星，因此它的表面溫度極低。

土星

土星擁有超過80顆衛星。它的土星環最為人熟悉，那是由冰塊和岩石塊組成的。

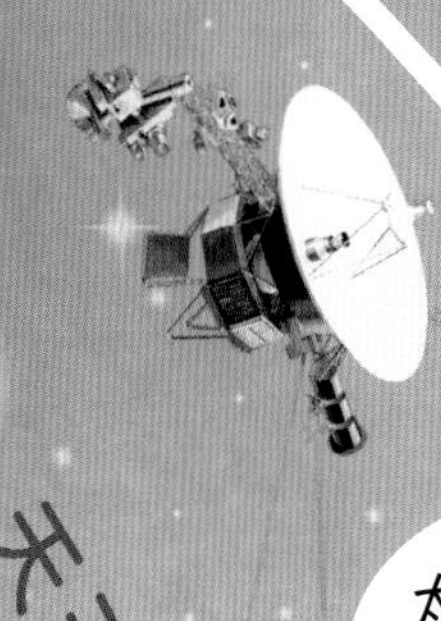

天王星

與其他行星不同，天王星是向側面旋轉的。有天文學家認為它可能曾被某種大小與地球相近的物體撞擊。

太空探測器航行者2號於1977年發射，它在1989年抵達海王星。

木星

木星是太陽系中最巨大的行星。它主要是由氣體組成，擁有超過90顆衛星圍繞着它運行。

木星非常巨大，足以將太陽系所有行星容納在其中。

銀河系

太陽系是銀河系的一部分。銀河系是螺旋形的，擁有超過1,000億顆星體。科學家認為在銀河系的中心有一個龐大的黑洞，會將塵埃、氣體和光線全部吸走。

太陽閃焰

太陽表面會發生大規模爆炸，並向外噴發能量，稱為閃焰。

太陽黑子

在太陽表面出現的黑暗、較低温的區域稱為「太陽黑子」。它們通常會成對出現，並持續數星期。

太陽的表面溫度非常熾熱，達到攝氏6,000度，比焗爐的溫度高30倍！

我們的超級太陽

太陽是距離我們最近的恒星，位於太陽系的中心。它是巨大、燃燒中的氣團，主要成分為氫氣和氦氣，能夠產生極大的能量。

在太陽的核心，溫度可激增至大約攝氏1,500萬度！

日全蝕

當月球在太陽前方經過，並完全遮蓋住太陽的正面時，便會發生日全蝕。日全蝕發生時，月球會阻擋大部分陽光，令四周看起來就像進入了黑夜。

日珥
太陽表面的極大型噴發稱為「日珥」。它們會受太陽的無形磁場影響，形成圈狀。

8分鐘

太陽的光需要8分鐘才能從太陽來到地球。

快如閃電

光前進的速度非常快，但仍需要時間才能抵達地球。一光年就是光線在一年中傳播的距離。

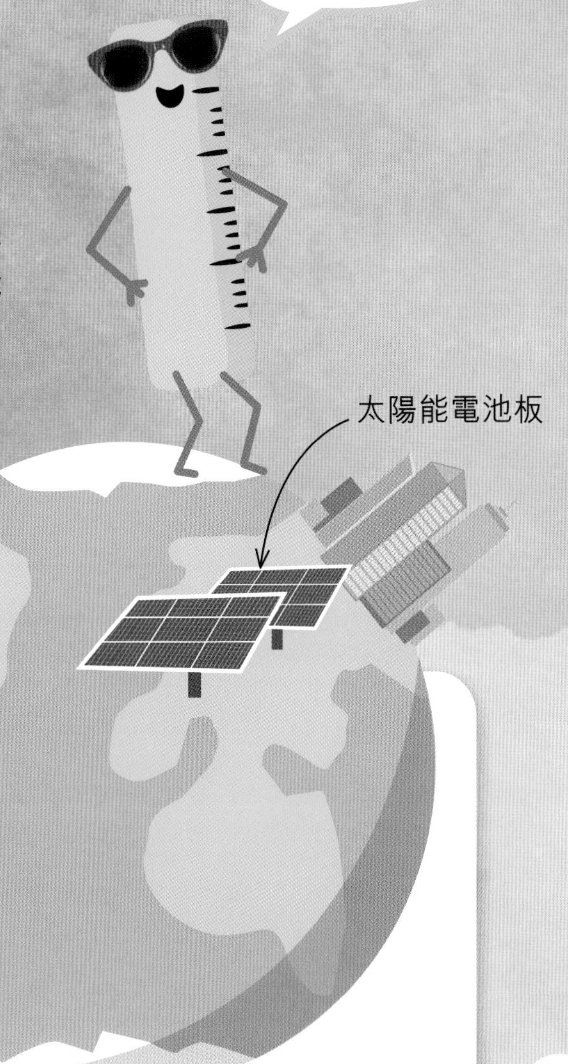

地球上的生命

動物和植物都需要依靠太陽的能量生存。人類發明了太陽能電池板等科技，用來吸收太陽的能量，轉化成電力。

地球

地球是我們的家園，也是唯一已知存在生命的行星。地球與太陽之間的距離剛好合適，可以讓植物和動物生存。

當北半球傾向太陽時，那裏就會是夏天。

陽光

位於地球中央的赤道，會接收到穩定的陽光照射量。

接近赤道的地區分別擁有較潮濕和較乾旱的季節，而不是春、夏、秋、冬四季。

季節

地球是輕微傾斜的，所以地球上會有不同的季節。在一年的不同時間中，地球上較接近太陽的位置都不同，因此溫度也不同。

地球的軸心傾斜了23.5度。

陸地約佔地球表面面積的三分之一。

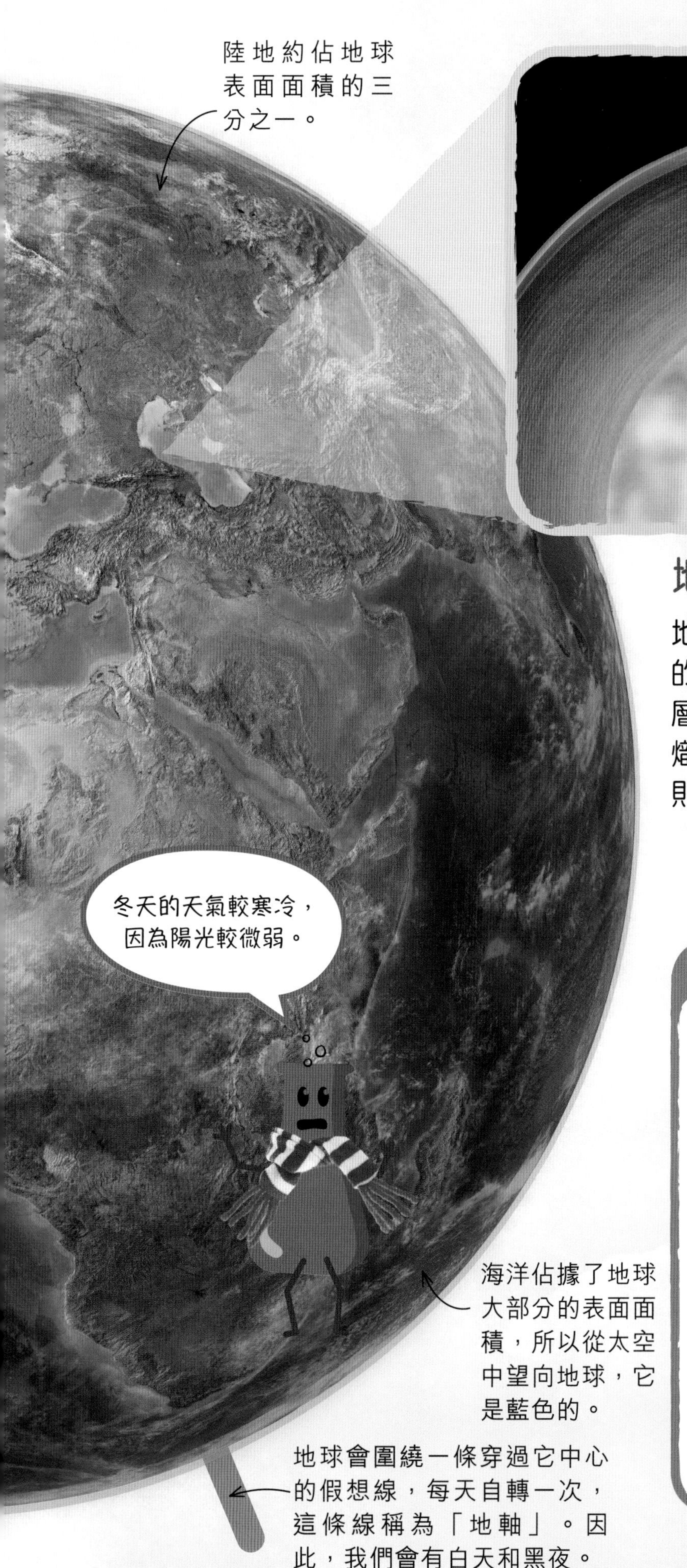

地球裏面

地球是由很多不同的物質層組成的，和洋蔥有點相似。岩質的外層是地殼。上地幔和下地幔都由熾熱的岩石組成，而外核和內核則是高溫的金屬。

星塵

地球上的所有東西，都是由恆星死亡、爆炸時產生的物質所形成的。你也是由星塵構成的！

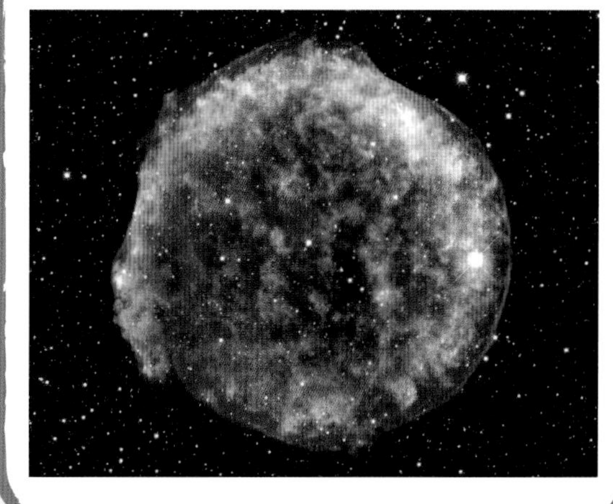

海洋佔據了地球大部分的表面面積，所以從太空中望向地球，它是藍色的。

地球會圍繞一條穿過它中心的假想線，每天自轉一次，這條線稱為「地軸」。因此，我們會有白天和黑夜。

地球的大氣層

大氣層是一層厚厚的空氣，包圍和保護着地球。它讓我們保持温暖，阻擋來自太陽的某些有害射線，還有助阻止太空裏的岩石擊中我們。

極光

這些耀眼的彩色亮光，會在接近北極和南極的夜空中舞動。它們又被稱為北極光和南極光。

當來自太陽的粒子與大氣層的粒子碰撞時，便會產生極光。

隕石

太空裏的岩石有時會穿過大氣層，沒被徹底燒毀而撞擊地面，它們被稱為隕石。

氣象氣球

氣象氣球會每天升空，協助天氣預報員預測天氣。氣象氣球會帶着細小的工具去測量氣象資料，例如氣温和風速等。

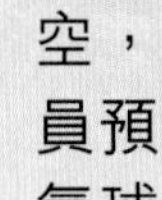

飛機一般在離地面9至12公里的高空中航行。那裏經常有強風，可能令飛機陷入亂流，飛行時非常顛簸。

飛機會在高空中飛行，那裏的空氣比較稀薄，這代表飛機能更輕易、更迅速地飛行，而且消耗較少燃料。

散逸層

科學家將大氣層主要分為五層。散逸層又稱為外氣層，是最外面的一層，而在它以外的地方就是外太空。

熱成層

熱成層會吸收很多來自太陽的危險能量，例如X光等，保護我們免受傷害。

中間層

大部分進入大氣層的太空岩石都會在中間層燃燒殆盡。中間層的頂部是大氣層中最寒冷的地方。

平流層

平流層含有臭氧。臭氧與氧氣由同一種化學元素構成，臭氧能阻止來自太陽的有害紫外線到達地球。

對流層

我們所有的天氣現象都會在對流層發生。對流層裏包含了我們呼吸的空氣，還有很多水分（包括雲）。

太空人曾經數次出動，維修哈勃太空望遠鏡。

哈勃太空望遠鏡

哈勃太空望遠鏡於1990年發射，它會圍繞地球運轉，拍攝遙遠星體與星系的照片。

國際太空站

這太空站最多可容納6個太空人，每個太空人可以停留約6個月，以協助管理太空站和進行科學實驗。太空站每90分鐘便會圍繞地球運轉一次。

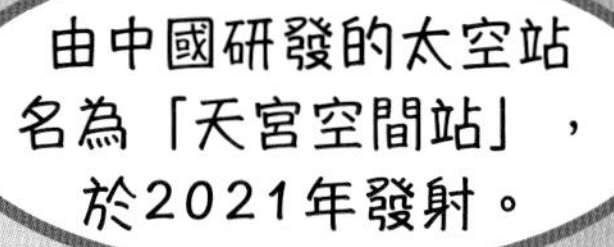

金星的大氣層

金星的大氣層中包含了厚厚的、可致命的硫雲層。來自太陽的熱能都被困在這些雲層下，令金星成為太陽系中最炎熱的行星。

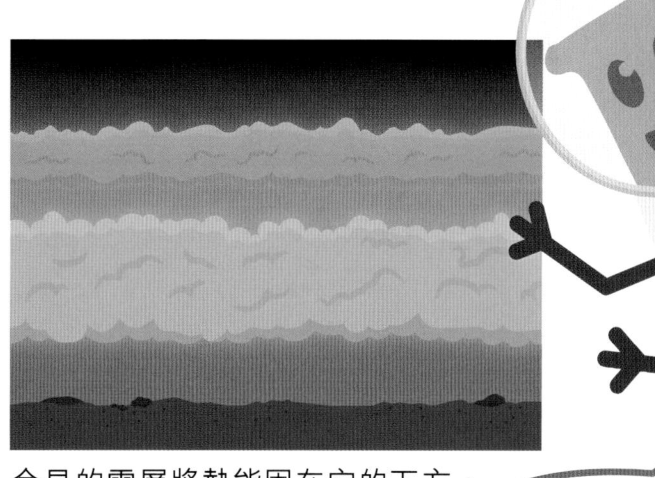

金星的雲層將熱能困在它的下方。

二氧化碳佔金星大氣層的96.5%。

月球

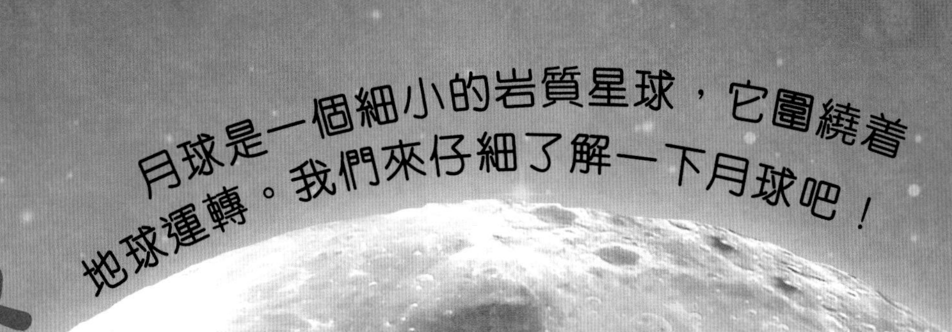

月球是一個細小的岩質星球，它圍繞着地球運轉。我們來仔細了解一下月球吧！

登陸月球

人類於1969年首次踏足月球。圖中的旗子標示了每次登月任務中，太空人抵達月球的位置。

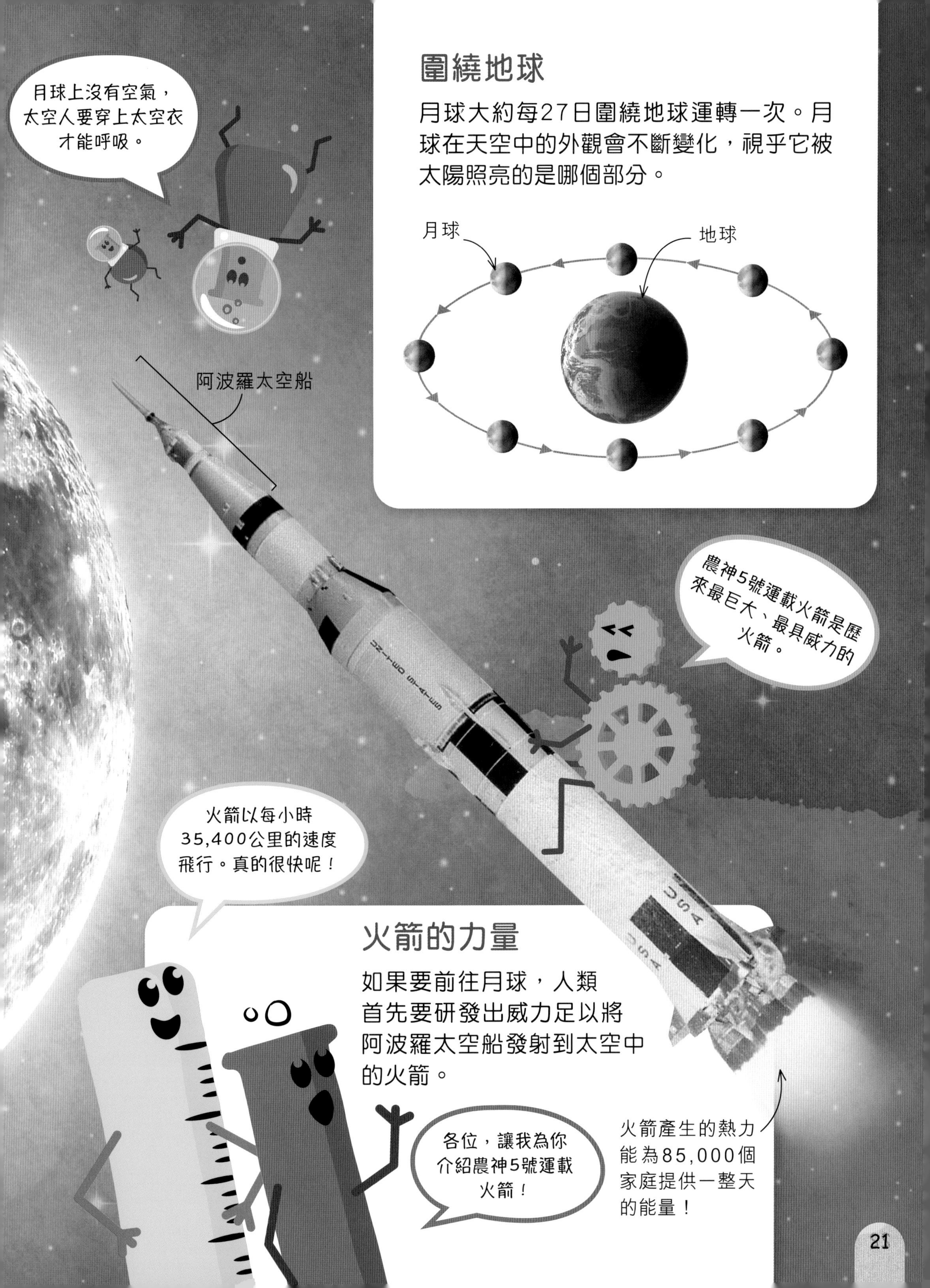

圍繞地球

月球大約每27日圍繞地球運轉一次。月球在天空中的外觀會不斷變化，視乎它被太陽照亮的是哪個部分。

火箭的力量

如果要前往月球，人類首先要研發出威力足以將阿波羅太空船發射到太空中的火箭。

水循環

地球上所有水都會在一個循環中流轉。水會變成水蒸氣和雲，升到空中。雨和雪將水帶回地面，之後水沿着河流返回海洋中，這個循環會不斷發生。

太陽在水循環中扮演了關鍵角色。它會令地球變暖，使液態水變成氣態。

小水點在高空的雲層中會凝結成冰晶。

雲

當水蒸氣上升，便會冷卻變成小水點，它們會聚集在一起，形成雲。這個過程稱為凝結。

過往數千年來，河流和海洋中的水被用於運送人和貨物。

蒸發

海洋、河流和湖泊因太陽照射而變得溫暖。當它們升溫時，位於表面的液態水便會變成氣態的水蒸氣。這個過程稱為蒸發。

海水含有礦物質，因此海水的味道非常鹹啊！

雨和雪

當雲積聚了足夠的水點或冰晶後，便會降雨或降雪。這些水分會重新降落地面。

滑雪等冬季運動需要有大量降雪才能進行！

除非受到汽車或工廠等廢氣污染，否則雨水幾乎是完全純淨的水。

回歸海洋

雨水會在地球表面或地底流動，慢慢返回海洋裏。在旅途中，水會帶走不少礦物質。

人們會興建堤壩，阻止河水流動。藉着興建堤壩，也可以建造湖泊、用來發電，或防止河水氾濫。

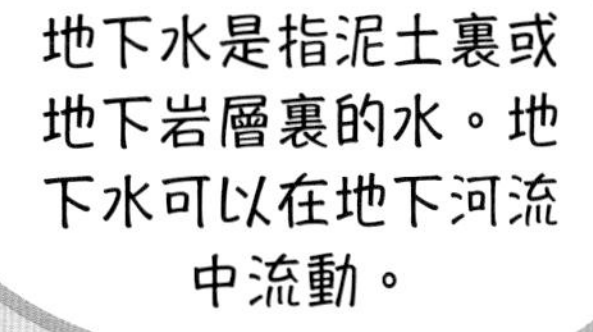

固體、液體和氣體

我們身邊的東西可以分為固體、液體或氣體，它們都是由稱為「物質」的東西所構成的，而物質則是由原子和分子等細小的粒子所組成。

液體

如果你能將某種東西傾倒出來，那麼它可能是一種液體。液體會變成所在容器的形狀，但液體難以被擠壓變形。

液體裏的分子很接近，但並不像固體般牢牢地固定在一起，這些分子可以越過其他分子，因此液體可以流動。

氣體

我們被氣體包圍着——空氣就是由不同氣體組成的。氣體能夠填滿任何容器，也能被擠壓。大部分氣體都是肉眼看不見的。

氣體分子是分散的，它們能夠快速地到處移動。

凝結
當氣體冷卻時，便會變成液體，這現象稱為凝結。如果你向着玻璃窗等較冷的物件表面呼出水蒸氣，水蒸氣便會凝結變成小水點。

固體

固體比較牢固，難以被擠壓。這本書是固體，那些你能夠拿住、穿上或坐着的東西都是固體。

固體的粒子會緊密地排列在一起，形成固定的形狀。

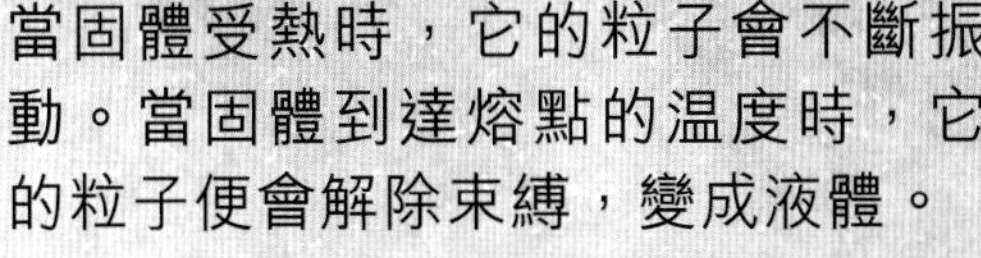

凝固
液體在冰點會凝固成固體。

蒸發
當液體被加熱時，液體分子會變得鬆散，變成氣體，這現象稱為蒸發。

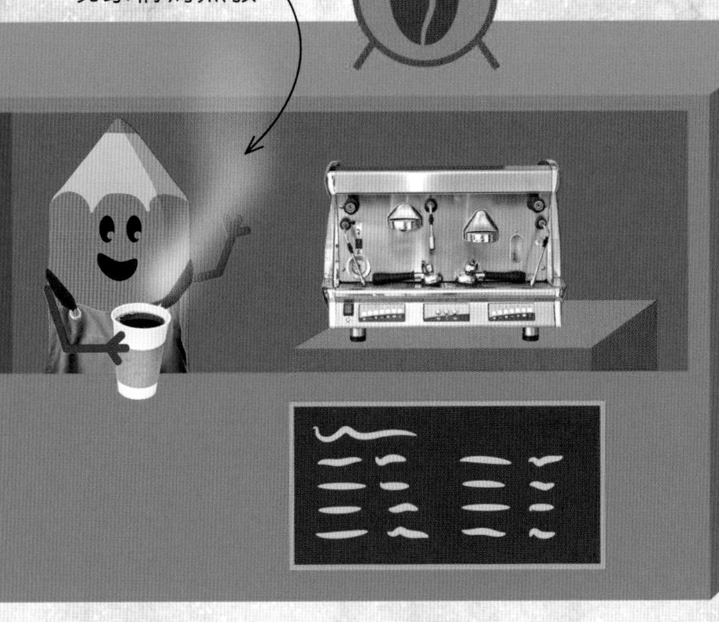

熔化
當固體受熱時，它的粒子會不斷振動。當固體到達熔點的溫度時，它的粒子便會解除束縛，變成液體。

天氣

天氣會影響人們每天的生活。天氣出現的其中一個原因是太陽會令空氣變暖，使空氣到處移動。這樣會產生不同的天氣現象。

雷與閃電

雷暴是帶電的暴風雨，一般發生在炎熱、潮濕的天氣。閃電就像巨型的電火花，而雷就是閃電造成的聲響。

雪

當雲的溫度為攝氏0度或以下時，雲中的小水點便會凍結，形成精細的冰晶降下，這就是雪了！

雨

雲是由數以百萬計的小水點組成，當它們變得太沉重，便會降下來，成為雨。如果降雨的同時有陽光照射，便有可能形成彩虹！

日照

地球上有些地區會受到更多陽光照射，這解釋了為什麼北極很寒冷，但加勒比地區很炎熱。

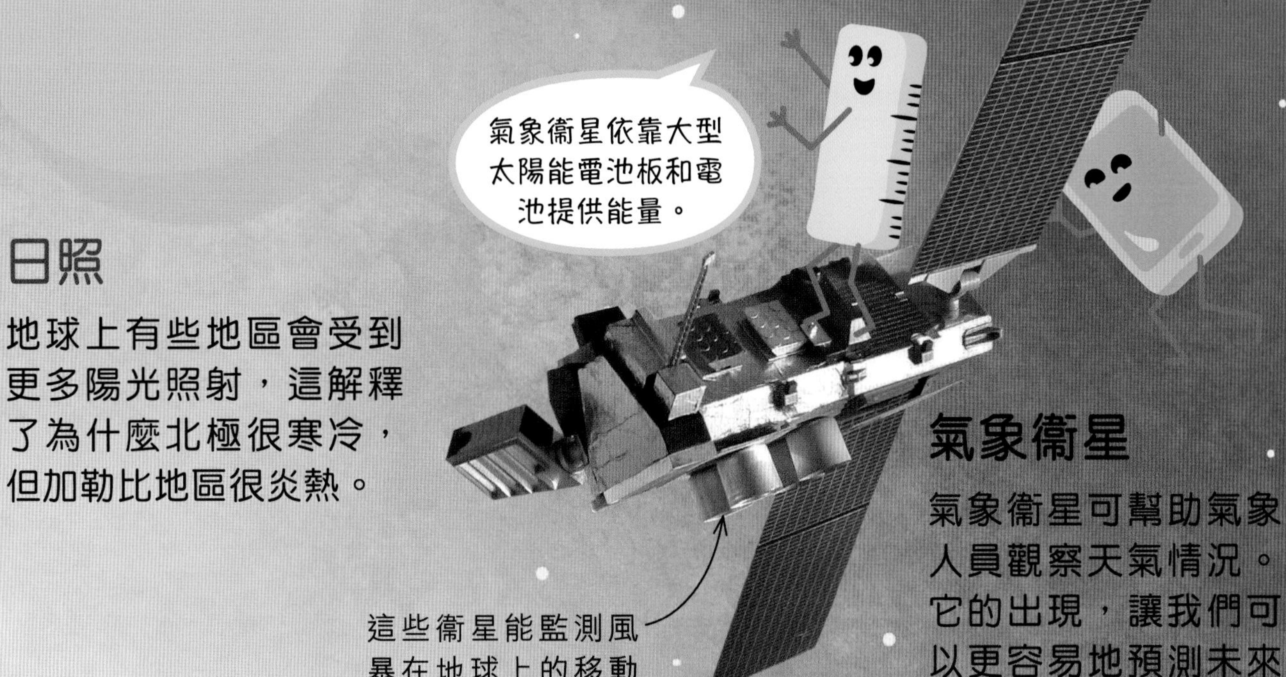

氣象衛星

氣象衛星可幫助氣象人員觀察天氣情況。它的出現，讓我們可以更容易地預測未來的天氣趨勢或變化。

霧

當小水點懸掛在半空中，在接近地面的大氣中組成的凝結物，便稱為霧。霧是水蒸氣的一種形態，濃霧會令人看不清遠方的事物。

飛機上裝有特殊的儀器，幫助機師在霧中讓飛機安全着陸。

風

當温暖的空氣上升，冷空氣湧入填補空缺時，便會形成風。

危險的星球

地球結構最上層的岩石圈，是由浮在熾熱岩漿上的巨大板塊組成的。這些板塊相接的地方常常會發生地震，或者有火山存在。

海嘯

地震也會在水底下發生。當水底的地震發生時，會令水平面上升，形成巨浪，稱為海嘯。海嘯會以驚人的速度迅速移動，可能造成大規模的破壞。

地震儀可記錄地球的地震活動。

我們會用黎克特震級來量度地震強度。黎克特制8級以上的地震屬於非常強烈的地震！

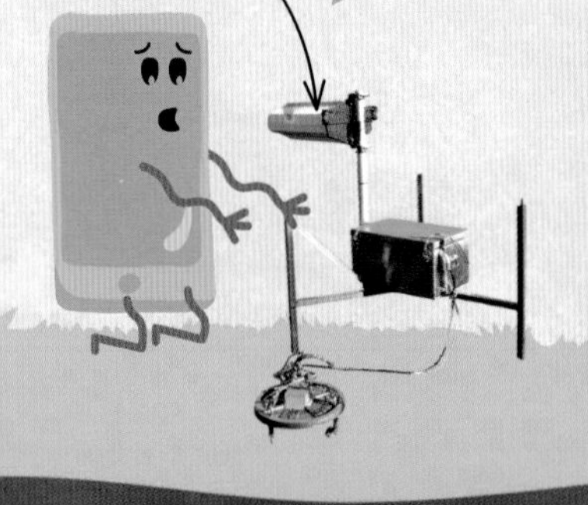

震源正上方的地面位置稱為震央，這裏是地震破壞程度最大的地方。

在經常發生地震的地方，建築物會設計成可以隨地震搖晃，而不致倒塌。

地震

當板塊相撞或互相摩擦時，便會累積壓力。這些壓力被釋放出來後，地震波會由地殼往地表傳遞，這現象稱為地震。強烈的地震是非常危險的，可以引致人畜傷亡、財物損失等。

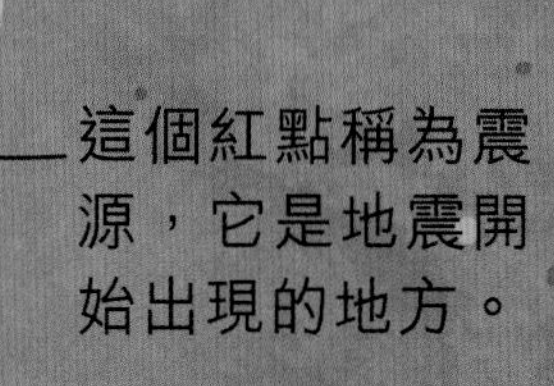

火山

當地殼下熾熱、熔化的岩石，從地殼裂縫湧出地面，就會形成火山爆發。地面下熔化的岩石稱為岩漿。當火山爆發時，千萬不要靠近！

動物

世界上有數以百萬計不同種類的動物。科學家將牠們分成兩大類——脊椎動物和無脊椎動物。不過，所有動物都有共通的特性，例如牠們都要呼吸空氣、到處移動來尋找食物、感知世界等。

脊椎動物

一般脊椎動物都擁有脊骨和頭骨。牠們體內有堅硬的骨骼，讓牠們的體形能夠長得比無脊椎動物更大。

所有動物種類中，只有少於5%是脊椎動物，無脊椎動物的種類佔了大多數。

魚類

魚類生活在水中，以鰓呼吸水中的氧氣。牠們是冷血的，會用鰭來幫助自己游泳。

爬行類

一般爬行類的身體都布滿鱗片。牠們是冷血的，大部分會生蛋。除了蛇以外，幾乎所有的爬行類都有四隻腳。

冷血動物會曬太陽來温暖身體。

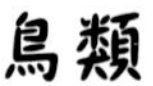

鳥類

鳥類擁有羽毛、翅膀和空心的骨骼。大部分鳥類都能夠飛行，但有些鳥類不會飛，例如企鵝。鳥類會生蛋，牠們都是温血的。

兩棲類

青蛙、蠑螈等兩棲類會在水中和陸地上生活。牠們是冷血的，有濕潤的皮膚。

熊貓每天會用16個小時來吃竹子。

哺乳類

哺乳類擁有毛髮，也是温血的。牠們會誕下幼體，以乳汁哺育。你也是哺乳類呢！

甲殼類

大部分甲殼類，例如螃蟹、龍蝦和蝦都會生活在水中，或在水源附近生活。牠們擁有堅硬的外殼。

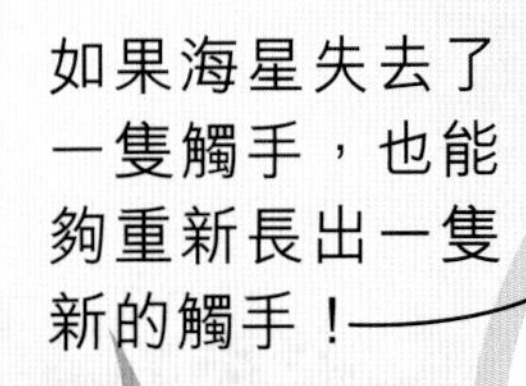

如果海星失去了一隻觸手，也能夠重新長出一隻新的觸手！

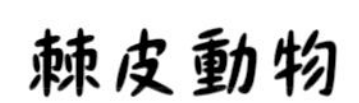

棘皮動物

這些皮膚布滿尖刺的動物是沒有腦部的！海星和海膽是棘皮動物，會生活在海牀上。

軟體動物

軟體動物擁有柔軟的身體，很多軟體動物都有硬殼，例如蝸牛和蜆。牠們大部分生活在水中，例如八爪魚。不過，如果軟體動物要生活在陸地上，就必須保持身體濕潤。

蛛形類

蜘蛛、壁蝨、蟎蟲、蠍子和長腳蛛都是蛛形類。牠們都有八隻腳。

昆蟲

昆蟲有六隻腳，頭部有兩條觸角，身體有外骨骼，而且很多昆蟲都會飛行。世上已知的昆蟲有超過100萬種。

無脊椎動物

無脊椎動物沒有脊骨。牠們有些是軟乎乎、濕淋淋的，例如蛞蝓；有些則擁有外殼，例如昆蟲。這些動物的外殼稱為外骨骼。

細小與高大

動物有不同的外形和大小，有些動物細小得需要用顯微鏡才能看見。凹臉蝠是最細小的哺乳類，而長頸鹿則是世上最高大的動物！

萬字夾約3.2厘米　凹臉蝠約4厘米　成年男性約1.7米　長頸鹿約6米

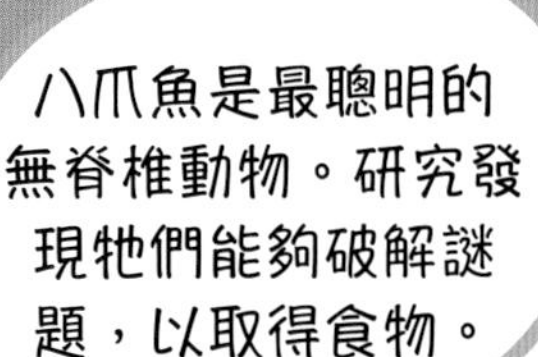

八爪魚是最聰明的無脊椎動物。研究發現牠們能夠破解謎題，以取得食物。

植物

世界上的植物種類數以千計，有的細小如雛菊，有的大如棕櫚樹。它們為我們提供呼吸所需的氧氣、各種各樣的食物，還有用於建造家園與生產家具的木材。

植物從陽光中獲得能量。

農耕

農夫會種植農作物，例如粟米、小麥、水果、蔬菜、棉花等。他們會為農作物施加肥料，讓農作物得到額外營養，使它們生長得更健壯、更迅速。

工程師和科學家會改變農作物，改善它們的性質，例如讓農作物不易感染疾病。

葉子
植物的葉子會吸收陽光，用來製造食物。葉子也會釋放氧氣到空氣中。

雄蕊
這部分會產生細小的顆粒，稱為花粉。

柱頭
這是花朵的一部分，末端是黏乎乎的，可以收集花粉，產生種子。

有些植物會長出花朵，有些會在冬天落葉，有些甚至會吃昆蟲！

植物的各部分

很多植物都是由類似的部分組成。它們擁有埋在泥土裏的根、強壯的莖、從莖長出來的葉子，有時還有花朵。

莖
莖會支撐植物，讓水和食物沿着它輸送到其他地方。我們能利用樹木的莖作為木材。

根
根能固定植物，並從泥土裏吸收水分和養分。

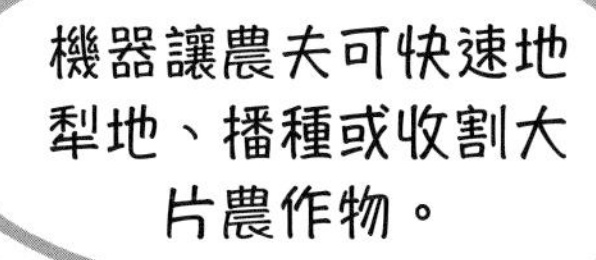

蘋果、果仁、番茄、葡萄、青瓜和南瓜都是果實。

果實

果實裏藏了種子，當動物吃了果實，種子便會隨牠們的糞便排出來。這樣種子便能被帶到新的地方，生長成新的植物。

蝴蝶能夠帶着花粉到遠處去。

昆蟲

昆蟲能在花朵之間傳播花粉，讓花朵能產生種子。很多花朵會用甜甜的花蜜來吸引昆蟲。當昆蟲前來吸啜花蜜時，花粉便會黏在牠們身上。

蜜蜂是最主要的傳粉者。

菌類

蘑菇和傘菌都不是植物。它們屬於另一種生物類別，稱為真菌。真菌依靠仍生存或已死去的動植物為生，會吸取它們的養分。

蘑菇

演化

經過一段時間，動物和植物就會產生變化或作出適應，讓它們能夠在身處的環境中生存得更久和誕生更多後代，這些變化稱為演化。演化並不是快速的過程，它需要數百萬年！

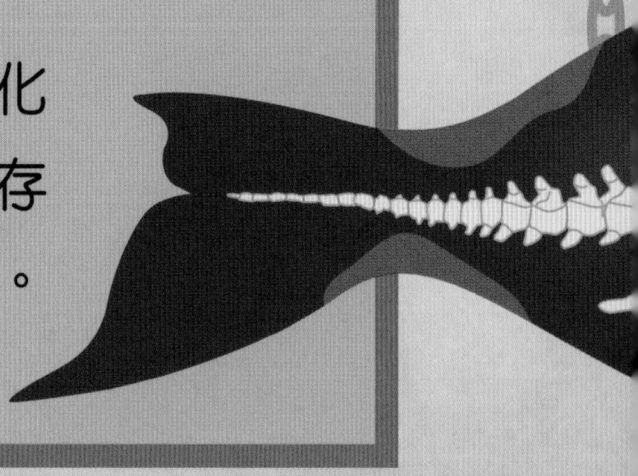

鯨的演化

這可能令人難以置信，鯨的祖先原來是在陸地上生活的！在漫長的時間裏，牠們生長得越來越大，並遷徙到不同的地方生活，包括海洋。

5,500萬年前

巴基鯨

巴基鯨可能生活在接近水源的陸地上。牠有4隻帶有蹄子的腳，還有鋒利的牙齒，用來咀嚼肉類和植物。

強而有力的尾巴有助牠們在水中穿梭。

5,000萬年前

物競天擇意味着適應自然者生存，不適者淘汰。

走鯨

走鯨是由巴基鯨演化而來的。牠生活在水中，會像鱷魚一樣獵食。

短小的腿和帶墊的腳非常適宜在水中游動。

達爾文

查理斯・達爾文（Charles Darwin）是一位科學家，他研究動物和植物在長時間裏如何變化。他提出了一套關於演化的理論，用來解釋他觀察到的現象。

寬闊的尾巴

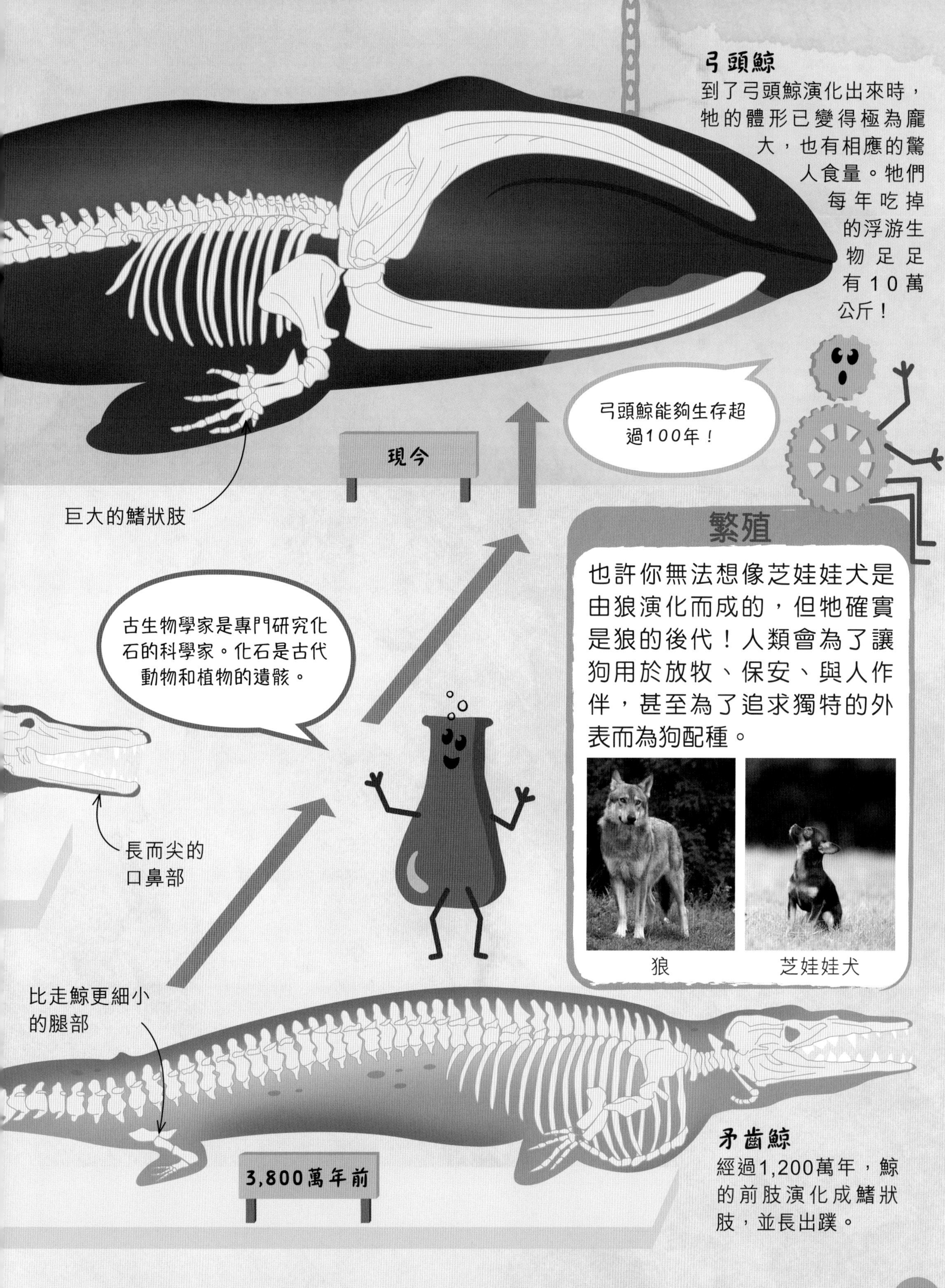
弓頭鯨
到了弓頭鯨演化出來時，牠的體形已變得極為龐大，也有相應的驚人食量。牠們每年吃掉的浮游生物足足有10萬公斤！
弓頭鯨能夠生存超過100年！
現今
巨大的鰭狀肢
繁殖
也許你無法想像芝娃娃犬是由狼演化而成的，但牠確實是狼的後代！人類會為了讓狗用於放牧、保安、與人作伴，甚至為了追求獨特的外表而為狗配種。
狼
芝娃娃犬
古生物學家是專門研究化石的科學家。化石是古代動物和植物的遺骸。
長而尖的口鼻部
比走鯨更細小的腿部
3,800萬年前
矛齒鯨
經過1,200萬年，鯨的前肢演化成鰭狀肢，並長出蹼。

北極的食物網

動物需要進食食物，讓牠們獲得活動和思考所需的能量。食物網展示了各種在特定棲息地生活的動物會吃什麼食物，還有牠們是如何互相連結在一起的。

北極燕鷗

這種海鳥會以極快的速度進入水中捕魚。成年北極燕鷗能避開捕食者的攻擊，牠們的蛋和雛鳥卻無法倖免。

北極熊的毛在雪地和陽光的反射下呈白色，讓牠們融入周邊的環境。

北極熊

北極熊是頂級捕食者，即是說牠們會進食其他動物，例如環斑海豹，但沒有任何動物能吃掉牠們。

殺人鯨

殺人鯨會在海洋中獵食，也會在岸邊捕食毫無防備的海豹。牠們也是頂級捕食者。

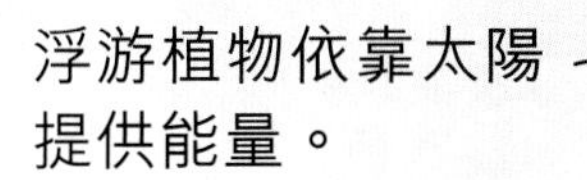

北極鱈

這種魚類是很多海洋動物的食物來源。北極鱈會進食浮游生物、蝦、海蟲，有時甚至會吃掉同伴！

浮游生物

這些在海洋中漂浮的微小動物和植物被稱為浮游生物，是北極鱈和北極蝦的食物。

環斑海豹

這種肉食動物會吃魚、蝦和浮游生物，但牠們也會被北極熊和殺人鯨捕食。

畫出食物網

要繪畫食物網，首先要選擇一個棲息地，例如森林或沙漠。現在想想在那個棲息地生活的動物會吃什麼，再畫出牠們是如何連結在一起的。

北極蝦

北極蝦生活在海牀附近，主要進食浮游生物。牠們是海豹的小吃。

生態系統

植物和動物生存時，會與彼此和周圍的環境互動，形成羣落，稱為生態系統。生態系統可能小如樹幹，也可能像熱帶雨林般龐大。

世上最大的珊瑚礁是大堡礁，它位於澳洲東北部海岸。

美國的沙漠

美國西南部的沙漠極為炎熱，但那裏也有很多動物和植物生活。動物會在晚上獵食，以避開日晝時的高溫，而植物能夠在沒降雨的環境下生存一段長時間。

郊狼能在很多不同的地方生存，因為牠們會吃掉任何可以吃的東西！

大鵰鴞會在巨人柱仙人掌上築巢，避免捕食者掠奪牠的蛋。

這些尖刺會把所有偷蛋賊嚇跑呢！

管風琴仙人掌會在晚間開花。

響尾蛇感到受威脅時，便會搖晃尾部末端的響環。

巨人柱仙人掌是美國最巨大的仙人掌。

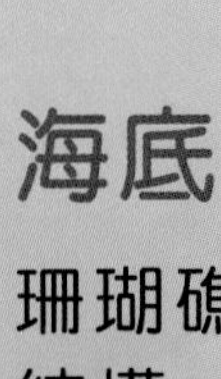

海底

珊瑚礁是由生物組成的奇妙海底結構。牠們會在熱帶地區溫暖的淺水海域中生長，眾多海洋生物會在珊瑚礁中棲息。

灰藍扁尾海蛇是海蛇的一種。

珊瑚礁是各種魚類的家。

這種珊瑚被稱為桌形軸孔珊瑚。

與此同時，小丑魚也會嚇跑想吃海葵的其他魚類！

有毒刺的海葵為小丑魚提供安全的棲身之所。

山區

位於亞洲的喜馬拉雅山脈，生存環境險惡。動物和植物要適應極端的嚴寒、風暴和高海拔環境才能存活下來。

金鵰擁有無與倫比的視力，可以從極遠的距離鎖定獵物。

雪豹非常罕見，牠們會捕食野生綿羊和山羊。

鼠兔是金鵰的獵物。

野生山羊，例如這種螺角山羊會吃掉植物，並透過糞便傳播植物的種子。

位於喜馬拉雅山脈的珠穆朗瑪峯是全世界最高的山峯。

在雨林裏

熱帶雨林是由四個不同的分層組成，分別是露生層、冠層、灌木層和地面層。每個分層都為不同種類的動物和植物提供棲身之所。

露生層

又稱為突出層，這層最高的樹木可高達55米。那距離地面真的很遠！

冠層

冠層是一層厚厚的樹冠，也是鳥類等動物和很多攀緣植物的家。

樹懶移動得非常緩慢。

樹蛙很少離開冠層。

灌木層

這些矮小的樹木和灌木為細小的動物和美洲豹等捕食者提供掩護。

豬籠草

地面層

這是雨林裏最黑暗的地方。這裏布滿泥濘，被上層樹木落下的葉子重重覆蓋。

獾㹢㹢

分層的陽光
雨林的每個分層都會得到不同程度的陽光照射。
露生層：全面受陽光照射
冠層：受很多陽光照射
灌木層：會受陽光照射，也有被遮蔽的部分
地面層：大多數陽光被遮蔽
緋紅金剛鸚鵡
我們可在露生層找到大藍閃蝶。
長臂猿是一種來自亞洲的猿猴。
大嘴鳥的喙部顏色非常鮮豔，不如為牠畫一幅畫吧！
大嘴鳥會用喙部來抓住水果和堅果。
蛇會在不同的分層之間遊走。
變色龍能夠改變皮膚的顏色！
美洲豹
這朵巨大的大王花會散發出腐肉的臭味，以吸引蒼蠅來幫助它傳播花粉。
食蟻獸
切葉蟻

氣候變化

氣候是指一個大範圍地區的普遍天氣狀況。它會在長時間內自然變化。不過，近年地球氣候變暖的速度比正常狀態加快了很多。

受污染的地球

石油和煤等化石燃料是古代植物和其他生物的遺骸。燃燒化石燃料會向空氣釋出有害的氣體，特別是二氧化碳。這些氣體會令我們的地球變暖，並造成污染。

二氧化碳被稱為「溫室氣體」，因為它會將太陽的能量困在大氣層內，令地球變暖。

工廠

過去數百年間，人類興建了很多燃燒煤的工廠，它們將更多二氧化碳排進大氣層裏。

汽車

私家車、貨車等會使用柴油和汽油作為燃料。這些燃料都是由石油製成的，燃燒時會向空氣釋出二氧化碳。

砍伐林木

樹木會吸收二氧化碳，就像一塊大海綿般。如我們以砍伐林木來取得木材或開墾農地，將會失去一個途徑來消除空氣中的二氧化碳。

綠色的未來

科學家和工程師正在尋找不需要燃燒化石燃料來產生能源的方法。他們對可再生能源特別感興趣，例如風能和太陽能。

專家估計到了2040年，人們購買的汽車中，電動汽車會超過一半。

太陽能電池板

太陽能電池板能夠吸收陽光，轉化成電力與熱能。

樹木

種植樹木有助對抗氣候變化。植物能吸收空氣中的二氧化碳，並利用二氧化碳來製造食物和成長。

電動汽車

這些汽車依靠可充電的電池推動，而不是以汽油為能源。因此，它們不會產生二氧化碳等污染空氣的氣體。

每一棵樹都能帶來改變。這棵小小的樹苗可以生存約200年！

氣候變化的影響

較溫暖的氣候可導致極端天氣。巨大的風暴變得越來越常見，它們往往會造成水災。氣候變化也會令覆蓋極地的冰塊融化。

水災

北極冰塊融化

風力發電場

風力發電機不是靠燃燒化石燃料來發電，而是靠風力發電。風力發電場會設置風力發動機，將動能轉化為電力。

香港的大型風力發電站，位於南丫島。

微生物

世上有數以十億計非常微細的生物，牠們在我們的四周、身體的表面，甚至身體裏面生活！我們的眼睛能夠勉強看見部分微生物，但要看清楚牠們真正的神奇之處，便需要利用顯微鏡來觀察了。

塵蟎

這種圓滾滾的生物會吃掉在家中塵埃裏的死皮和霉菌。牠們難以讓人看見，因為牠們非常細小，身體也幾乎是透明的。

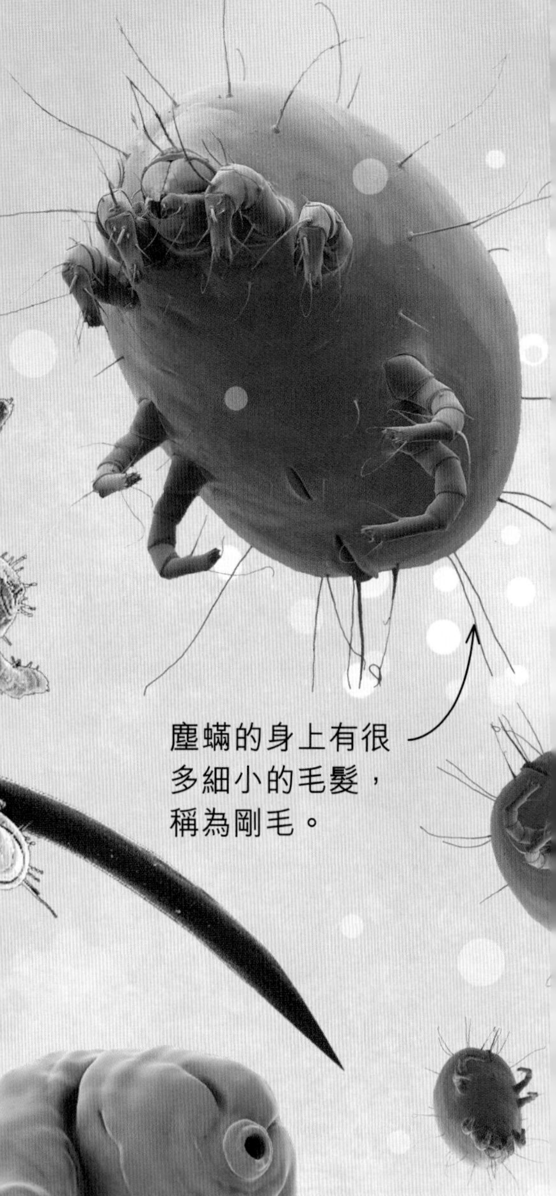

塵蟎的身上有很多細小的毛髮，稱為剛毛。

頭蝨

這種小昆蟲會在頭髮上生活，尤其是兒童的頭髮上。牠們會咬傷人的頭皮，吸食流出的血液。不過，牠們除了引致痕癢外，不會造成其他傷害。

頭蝨的頭部有兩條觸角。

頭蝨會將它們的卵黏在頭髮根部。

緩步動物

俗稱水熊蟲。這種小動物生活在潮濕的地方，例如泥漿裏。牠們非常能吃苦，能夠在太空裏存活，甚至能夠不吃不喝超過30年！

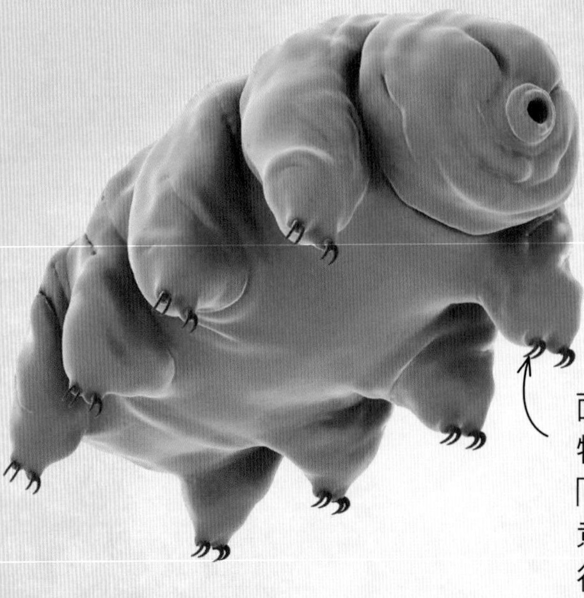

緩步動物擁有四對粗壯的腿，上面有細小的爪。牠們的英文名稱「tardigrade」的意思是「緩慢地行走的動物」。

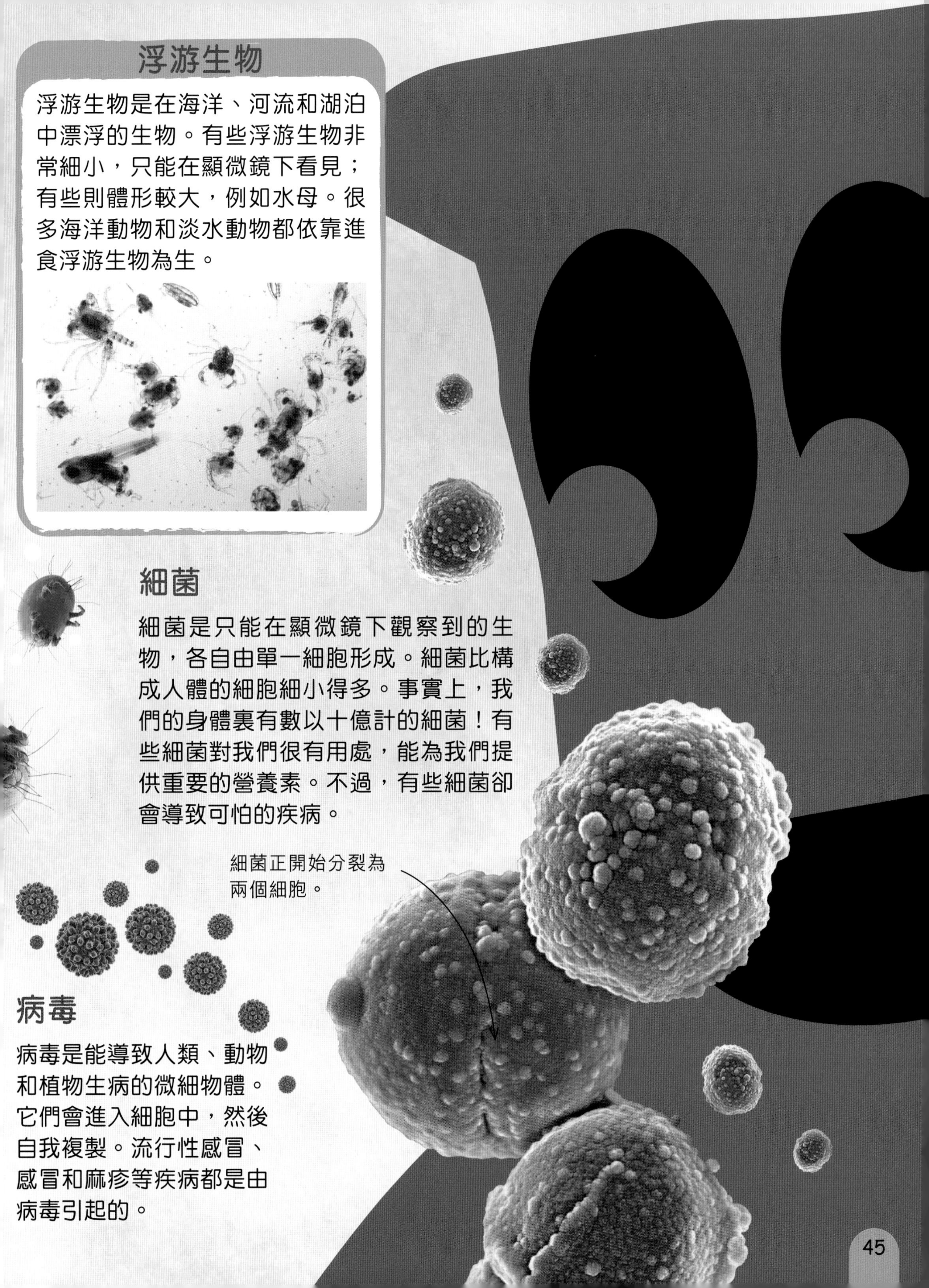

浮游生物

浮游生物是在海洋、河流和湖泊中漂浮的生物。有些浮游生物非常細小，只能在顯微鏡下看見；有些則體形較大，例如水母。很多海洋動物和淡水動物都依靠進食浮游生物為生。

細菌

細菌是只能在顯微鏡下觀察到的生物，各自由單一細胞形成。細菌比構成人體的細胞細小得多。事實上，我們的身體裏有數以十億計的細菌！有些細菌對我們很有用處，能為我們提供重要的營養素。不過，有些細菌卻會導致可怕的疾病。

細菌正開始分裂為兩個細胞。

病毒

病毒是能導致人類、動物和植物生病的微細物體。它們會進入細胞中，然後自我複製。流行性感冒、感冒和麻疹等疾病都是由病毒引起的。

人體

成年人類的體內有206塊骨頭、650塊肌肉和數以兆計的細胞。人體的每個部分都有不同的職責，但它們也會同心合力，確保身體運作暢順。

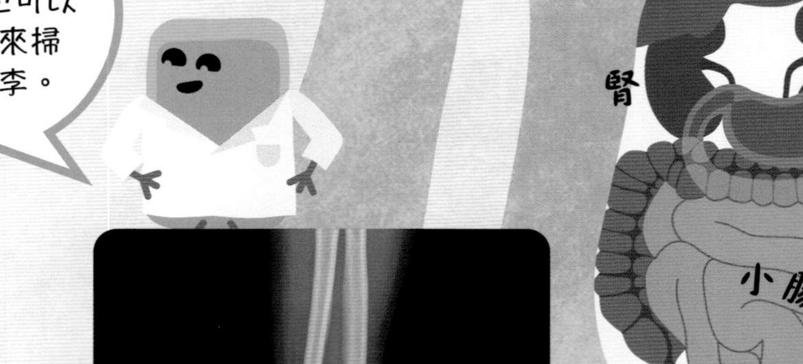

器官

我們的身體是由很多不同的器官組成。胃、肝、腸和腎是幫助我們消化食物的器官。我們的皮膚也是器官之一！

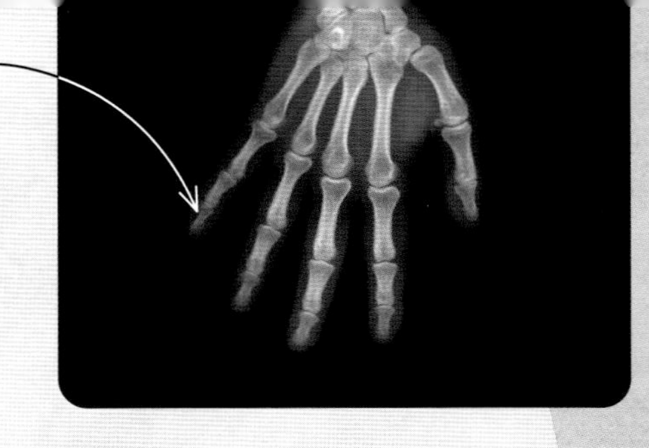

X光能讓我們看見骨頭的模樣。

骨頭

新生嬰兒擁有超過300塊骨頭。到我們成年時，有些骨頭會連結在一起，令體內骨頭的總數變成206塊。它們互相配合，形成骨骼，以保護體內的器官，並讓我們能站立起來。

肌肉

肌肉是一些可以延伸的組織，它們連接着骨頭，令我們能夠活動。有些肌肉不需要我們刻意控制也能自行運作，其他肌肉則受腦部操控。

靜脈和動脈都是血管，分別將血液從身體輸送到心臟，以及從心臟輸送到身體其他地方。

血液

心臟會透過血管，將血液泵到全身。血液負責運送氧氣到身體各部分，並協助對抗病菌。

皮膚

皮膚是人體的防水外層，能防止我們受傷、避免身體內部受到感染。它是人體最龐大的器官，佔我們體重的15%！

腦部可被分為兩部分，左側負責控制身體的右邊，而右側負責身體的左邊！

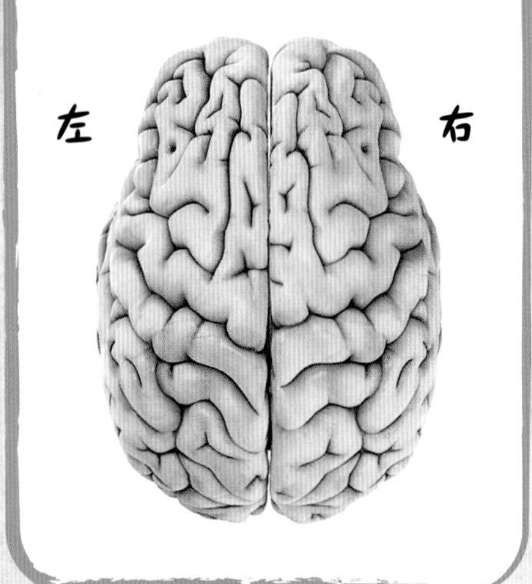

腦部的前方部分主要與人格有關，它決定了你會怎樣行動，還有你喜歡和不喜歡什麼東西。

這部分負責控制我們如何移動身體，它能讓我們行走、奔跑或跳舞！

策劃行動

運動

思考和人格

你的腦部越多皺摺，你就越聰明！

語言

聽覺

這部分讓我們能夠互相交談。

記憶

這部分讓你分辨出不同的聲音。

這部分是你保存所有記憶的地方，例如你第一次踏單車的過程，或是你最近一次生日會的情境等。

想想看

你的腦部看起來像一大團搖晃不定的啫喱球，不過它的功能就像神奇的超級電腦。它位於你的頭顱中，讓你能夠看東西、聽東西、說話、移動、感受、思考、想像和記憶。

每次你觸摸某些東西時，便會向腦部的這個部分傳遞信息。

觸覺

如果我們能了解周遭的環境，就能有助我們作出合適的判斷和移動。

空間認知

如果我們能了解不同的情緒，例如快樂和傷心，就能有助我們好好回應其他人。

情緒認知

產生影像

視覺

我們的腦部會從眼睛接收資訊，並讓我們理解自己看見了什麼。

協調

這部分能協調我們的行動，有助於散步、寫作等活動。

脊髓會將信息傳送到腦部，並從腦部傳送出去。

人工智能

我們可以教導電腦像人類一樣思考和作出決定，這種技術稱為人工智能。智能電話能利用人工智能來回答你提出的問題，或提醒你每天的行程；現在更發展到可以進行寫作、繪畫、作曲等藝術工作！

神經系統

我們體內有龐大的神經網絡，連接腦部和脊髓到身體其他部分。

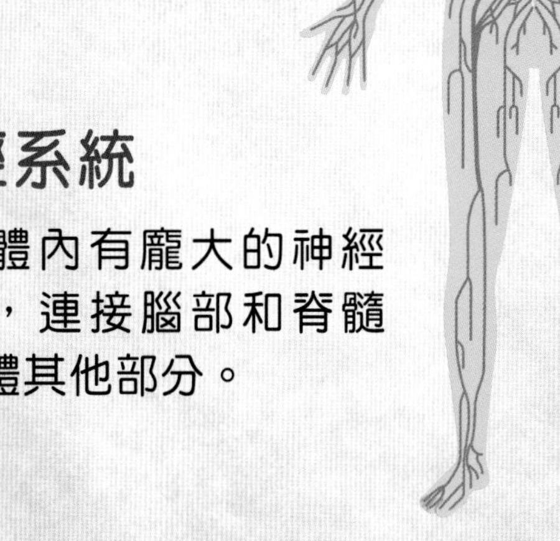

感官

感官讓我們了解周遭的世界。感官告訴了我們什麼是安全的，什麼是危險的，讓我們能夠看見和聽見彼此。我們身體裏有特別的感受器，協助我們感受世界。

視覺
每隻眼睛裏的晶狀體都能將光線聚焦在眼睛的後部，在那裏感受器會感知到光暗與色彩。

主要的感官

視覺、嗅覺、觸覺、味覺和聽覺是人類的五種主要感官。不過，我們也擁有其他感官，幫助我們生存。

嗅覺
鼻子裏微細的感受器能捕捉很多不同的氣味。嗅覺與味覺有密切的關係。

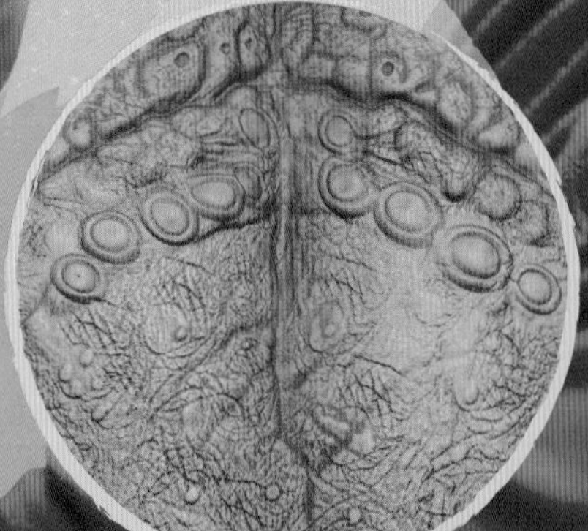

觸覺
皮膚擁有很多感受器，當我們觸摸物件時，便會產生反應。

味覺
舌頭上面的味蕾能夠感受五種不同的味道，包括鹹、甜、酸、苦和鮮味。

痛楚
我們體內有些讓我們感知痛楚的感受器。

熱力
皮膚上的感受器能讓我們感受到熱力。

如廁的需要
我們體內較深處有一些感受器，讓我們知道什麼時候應該去廁所。

聽覺
聲音傳播到耳朵中，由位於內耳的感受器所感知。內耳也讓我們擁有平衡感。

其他感官

我們的身體還有很多其他種類的感受器，用來感知我們身體內外發生的事情。

回聲定位

蝙蝠擁有一種特別的感官能力，稱為「回聲定位」，用來在晚間捕捉昆蟲。牠們會發出叫聲，並聆聽叫聲撞上昆蟲後反彈回來的回聲。回聲可讓蝙蝠知道昆蟲的確實位置，潛艇也會利用名為「聲納」的技術，以相似的方式找出海中某些東西的位置。

蝙蝠

潛艇

科技

科技會運用科學來創造新發明。這些發明的目的往往是要讓我們的生活變得更方便。工程師會透過一系列的步驟來創造出嶄新又令人興奮的產品，你也根據這步驟來創作新發明吧！

軟管是很有用的連接工具。

這條軟管的直徑很大，看來可以吸起地上細碎的塵埃和大片的紙屑。

1 找出問題

創造新發明的第一步是找出需要解決的問題。你要提出各種問題，盡量搜集資料，讓你能了解那些可能會影響發明的因素。

嗯，這隻貓把四周弄得一團糟！我希望有方法可以輕鬆地打掃……

2

構思概念

一開始時，盡量構思不同的概念，把它們寫下來或繪畫出來，讓你能將所有概念呈現眼前。另一個好方法是和別人組成團隊，盡可能想出最多概念。

3 研究

當你找出最好的概念後，是時候展開研究了。你可以找出製作時需要的材料。

輪子使搬運重物變得更容易。

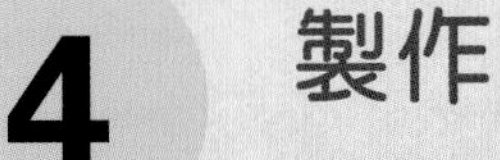

4 製作

根據概念製作出來的第一件東西稱為原型。透過原型，你能夠看見概念變為現實，也能夠作出調整，令設計變得更完善。

工程師會利用很多不同的工具。

你可以分階段製作你的新發明，令過程更輕鬆。

5 改善設計

當你製作出新發明後，便需要一次又一次測試。在測試的過程中，你可能會想出更好的發明呢！

人們可能會被電線絆倒。

下次我們可以試試設計一部沒有電線的吸塵機。

簡單機械

機械幫助我們運送、修理東西，並為事物提供能量。人類設計了很多不同種類的機械，以執行不同的任務，當中很多機械是非常簡單的。

只要向下拉，我便能把重物提上來！真聰明，對吧？

輪子

這些圓圓的配件能幫助機械移動。不同的輪子可用於不同的地面，例如有坑紋的輪子適合在濕滑的地面上使用。

輪子上的坑紋有助抓緊地面。

螺絲

尖銳的金屬螺絲能夠把物件固定在一起。螺絲的表面會有凹凸的螺紋，你可以用螺絲批來旋轉螺絲，將它推進物件裏。

螺絲會旋轉到適合的位置。

滑輪

如果物件很笨重，你可以用滑輪把它提起來。將一條繩放在輪子的頂部，然後連接重物，一拉動繩，重物便會升起。

重物掛了在滑輪上。

齒輪

齒輪的邊緣有輪齒，讓齒輪可以互相咬合。我們可用手轉動較小、較輕的齒輪，它上面的輪齒會抓住較重的齒輪，並推動它。

這個齒輪太重，單單用手是無法推動的。

楔子

三角形的楔子可用來將物件一分為二。楔子會被往下推到物件之間。

斧頭是其中一種楔子。

槓桿

你可以利用槓桿來抬起物件。只要把一塊木板放在一個支點上，就製成了一個簡單的槓桿。

你無法只用手來提起這些重物。

如果我在這裏往下推，重物便會升起！

支點的位置接近木板的中央。

斜面

當我們要把笨重的物件移動到較高或較低處時，我們能透過平滑的斜面，將物件往上或往下推。

有輪的手推車能帶着物件移動。

時區

世界可分為24個不同的時區，每個時區相差1小時。當你吃早餐時，有人正在享用晚餐。俄羅斯的面積很大，它擁有11個時區！

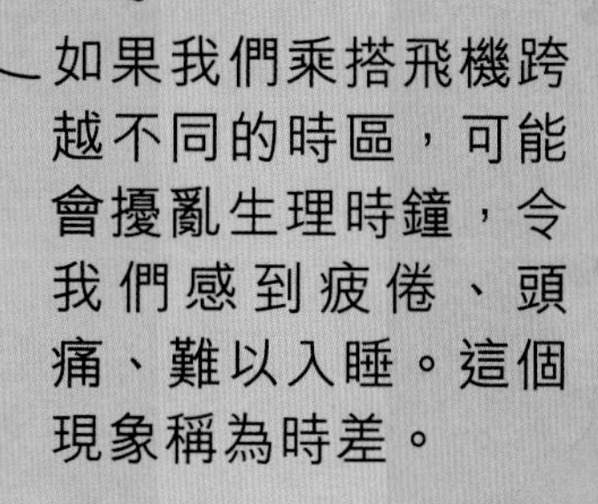

如果我們乘搭飛機跨越不同的時區，可能會擾亂生理時鐘，令我們感到疲倦、頭痛、難以入睡。這個現象稱為時差。

格林威治子午線是所有時區的中心，它也是東半球和西半球相接的地方。

時間

我們利用時間找出事情在什麼時候發生，例如歷史中的重要日子、早上的起牀時間等。我們會以秒、分鐘、小時、日、月和年作為單位來量度時間。

生理時鐘

人類和其他動物都擁有一個內置的天然生理時鐘。生理時鐘會告訴我們什麼時候應該醒來，什麼時候應該睡覺。我們的生理時鐘與環境的光暗有關。

00 14:00 15:00 16:00 17:00 18:00 19:00 20:00 21:00 22:00 23:00 24:00

月與年

在地球上，一年有365日，這是地球圍繞太陽運轉一周所需要的時間。一個月則大約是月球圍繞地球運轉一周所需的時間。

如果我從一個時區走到另一個時區，是不是等同於在時空旅行呢？

九月

	1	2	3	4	5	6
7	8	9	10	11	12	13
14	15	16	17	18	19	20
21	22	23	24	25	26	27
28	29	30				

日曆能幫助我們記錄月份和日期。

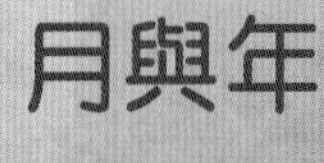

國際換日線是一條假想出來的線，位於太平洋中央。它將一天和下一天分隔。

國際換日線

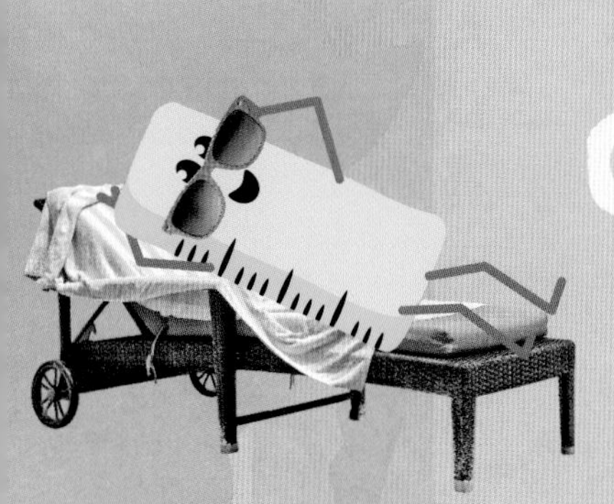

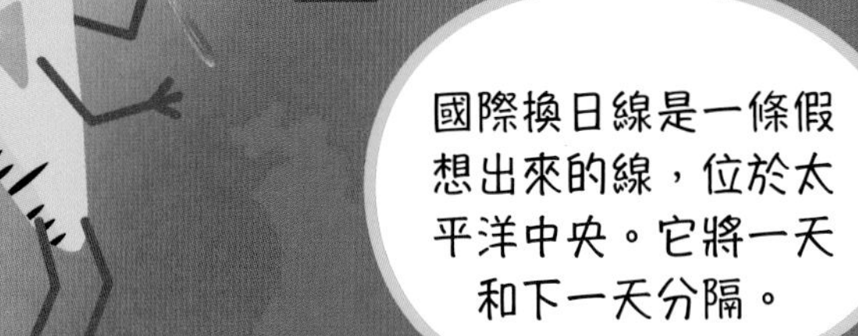

我們是怎樣得知時間呢？日晷會利用影子計時，類比時鐘擁有鐘面和會滴答移動的指針，而數碼時鐘會在屏幕上顯示時間。

類比時鐘

數碼時鐘

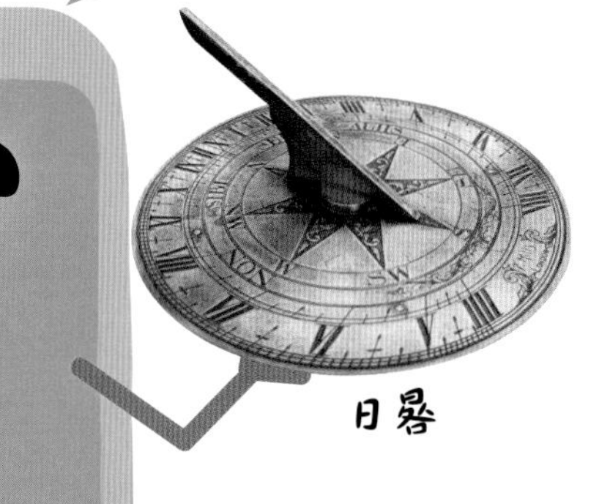

日晷

報時

人們從數千年前已開始報時。不過，直到近代——確切來說是1884年——時區才被劃分出來。

量度

如果我們要找出物件的溫度、大小或重量，便要量度它。一些特別的工具能幫助我們準確量度，這對於焗蛋糕、興建房屋等尤其重要，因為一點點的誤差就會影響結果。

高度

你有多高？請別人用捲尺幫你量度一下吧！現在請你量度一位朋友的身高，看看誰比較高。

捲尺、直尺，甚至數碼激光都能用來量度高度和時間。

水會在攝氏100度沸騰。

溫度

我們會用溫度計量度溫度。它們會告訴你物件有多熱或多冷。

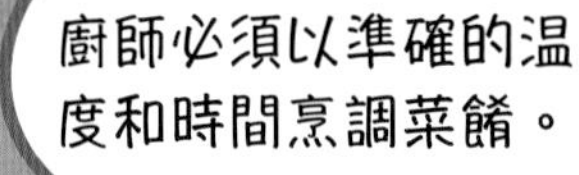

我們會將時間分成秒、分鐘和小時。

時間

以往人們會用太陽和月亮計算時間。今天，我們會用時鐘作為主要的計時工具。

記錄

科學家會定期記下不同的量度數據，讓他們了解事物是怎樣隨着時間而變化。他們也會利用圖表來比較數據。

容量

容量是指容器可放空間的大小。容量量度的是大小，而不是重量。兩件物件可能有相同的容量，但它們的重量可能差異很大。

重量

重量讓我們知道物件有多重。如果你家裏有體重計，也可以為自己量度體重呢！

運用數字

我們利用數字來計算、量度和比較數量。科學家和工程師需要擅長數學，否則他們的實驗和發明便無法成功！

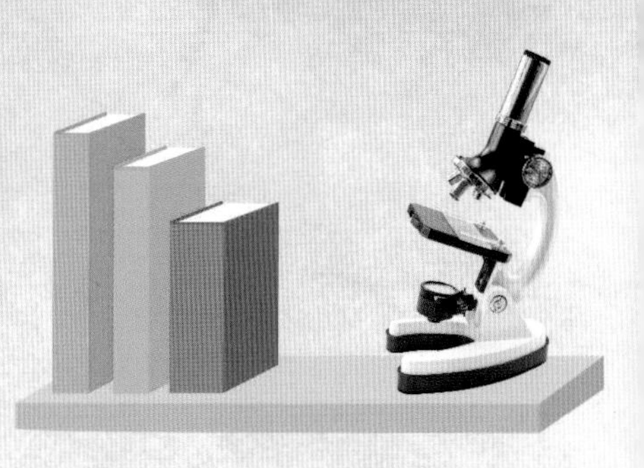

計算

計算不同的事物能讓我們作出比較。例如，你可以比較一下各種瓢蟲身上的斑點數量，找出哪一隻有最多斑點。

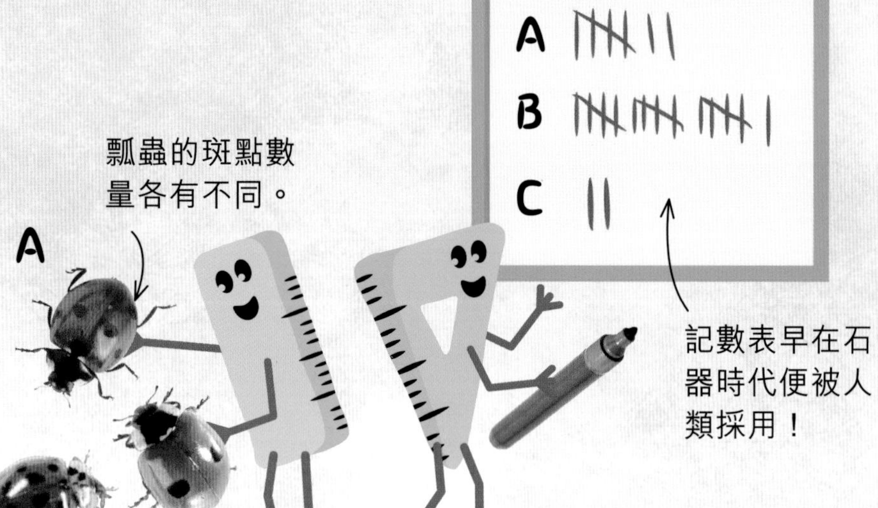

加法

加法通常是我們第一種學會的運算方法。當我們將數字加起來時，加入數字的次序並不重要，最終都會得到相同的結果。

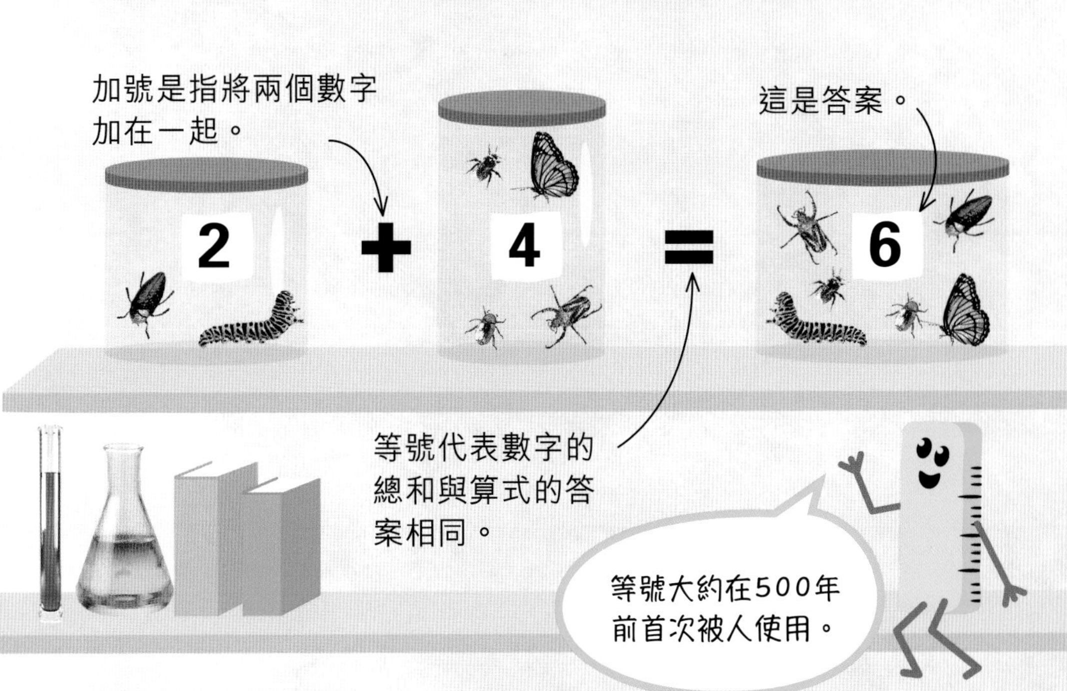

減法

減法的意思是拿走數字的一部分或令數字變小。你要從第一個數字的數量拿走第二個數字的數量，才能得到答案。

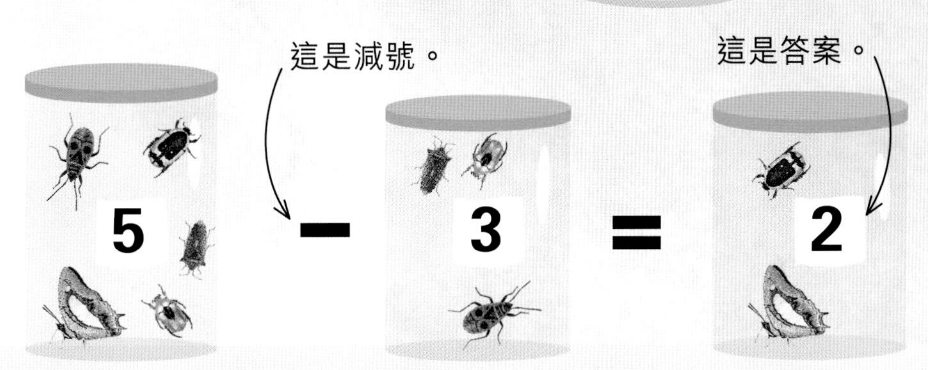

排名

序數能告訴你物件的排列位置或次序。第一名、第二名和第三名就是序數的例子。

不同的物料

我們身邊的東西都是由各種物料製成的。不同的物料擁有不同的特性，有些物料堅硬、牢固，例如金屬；有些物料可以輕易改變形狀或用模具塑形，例如塑膠。工程師、科學家和設計師會以不同的方式來創造和運用物料。

塑膠

塑膠是一種人造物料，有很多不同的特性。它輕盈、防水，可以堅硬，也可以柔軟。

陶瓷

陶瓷很堅硬，但也很容易被打破。它們能承受非常高的溫度——太空穿梭機利用陶瓷磚來保護穿梭機，避免它因極高熱而受損。

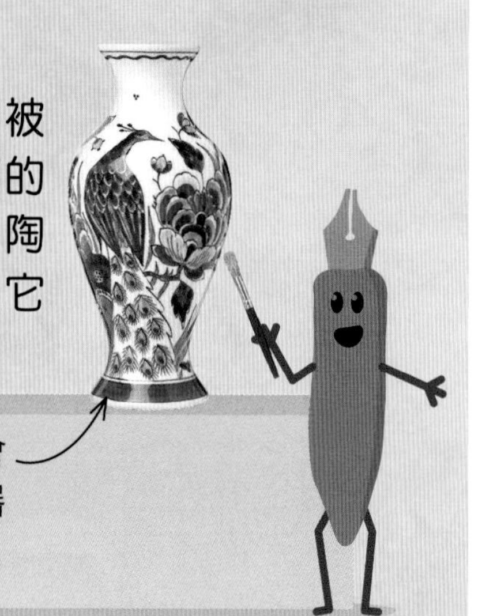

數千年來，人們會用陶瓷來製作瓷器和花瓶。

玻璃

玻璃是由矽砂等製成。它很適合用來製造窗戶，既能阻隔天氣對我們的影響，也能讓人看見外面的情況。

金屬

金屬一般都很堅固，加熱後可以輕易被塑形。金屬是導電體，電力和熱力都能夠通過金屬傳播。有些金屬還帶有磁性。

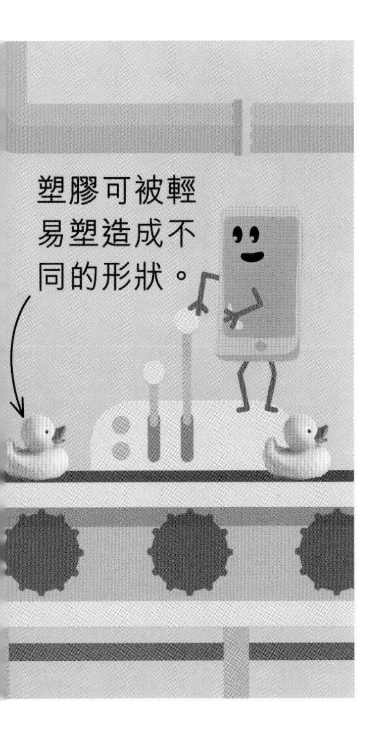

布料

布料可以用羊毛等天然物料製成，也可以用人工物料製造出來。科學家創造了不少防護布料，可以防水或阻擋猛烈的陽光。

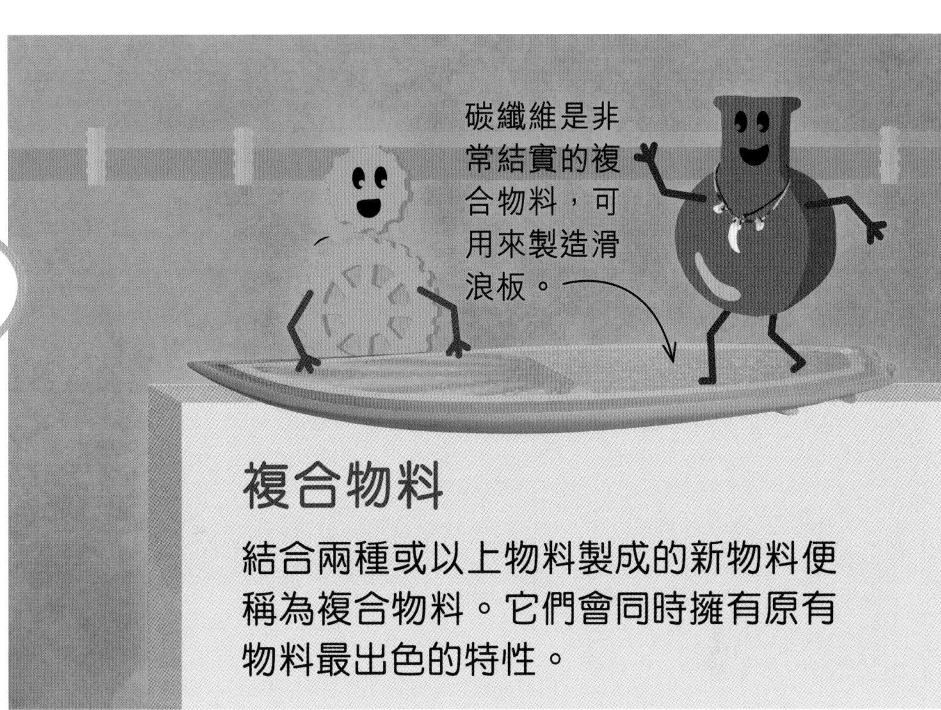

複合物料

結合兩種或以上物料製成的新物料便稱為複合物料。它們會同時擁有原有物料最出色的特性。

木材

木材是一種來自樹木的天然物料，它常用於建造房屋和製作家具。不同種類的木材有不同的顏色、紋理或圖案。

興建橋樑

橋樑是由工程師設計的，能讓我們能較快地由一處地方到達另一處。它們能跨越峽谷、河流、馬路和鐵路軌道。

懸臂橋

懸臂是指只有一端作支撐的結構。要興建懸臂橋，就要將很多懸臂結構連接在一起。

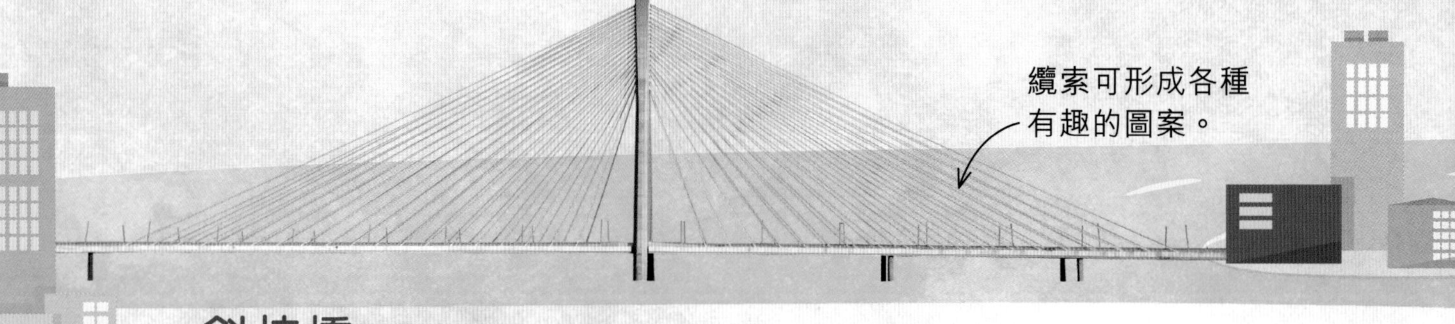

斜拉橋

斜拉橋擁有一座或多座橋塔，纜索會以扇狀直接連結橋塔與橋面，支撐起整座橋。香港的昂船洲大橋就是斜拉橋。

懸索橋

在懸索橋上，鋼纜會連接着兩座根基埋在地下深處的橋塔，而橋面則懸掛在橋塔之間。香港的青馬大橋就是懸索橋。

木橋

木橋是最古老的一種橋樑。它是由倒下的樹木或特意砍伐的樹木組成。

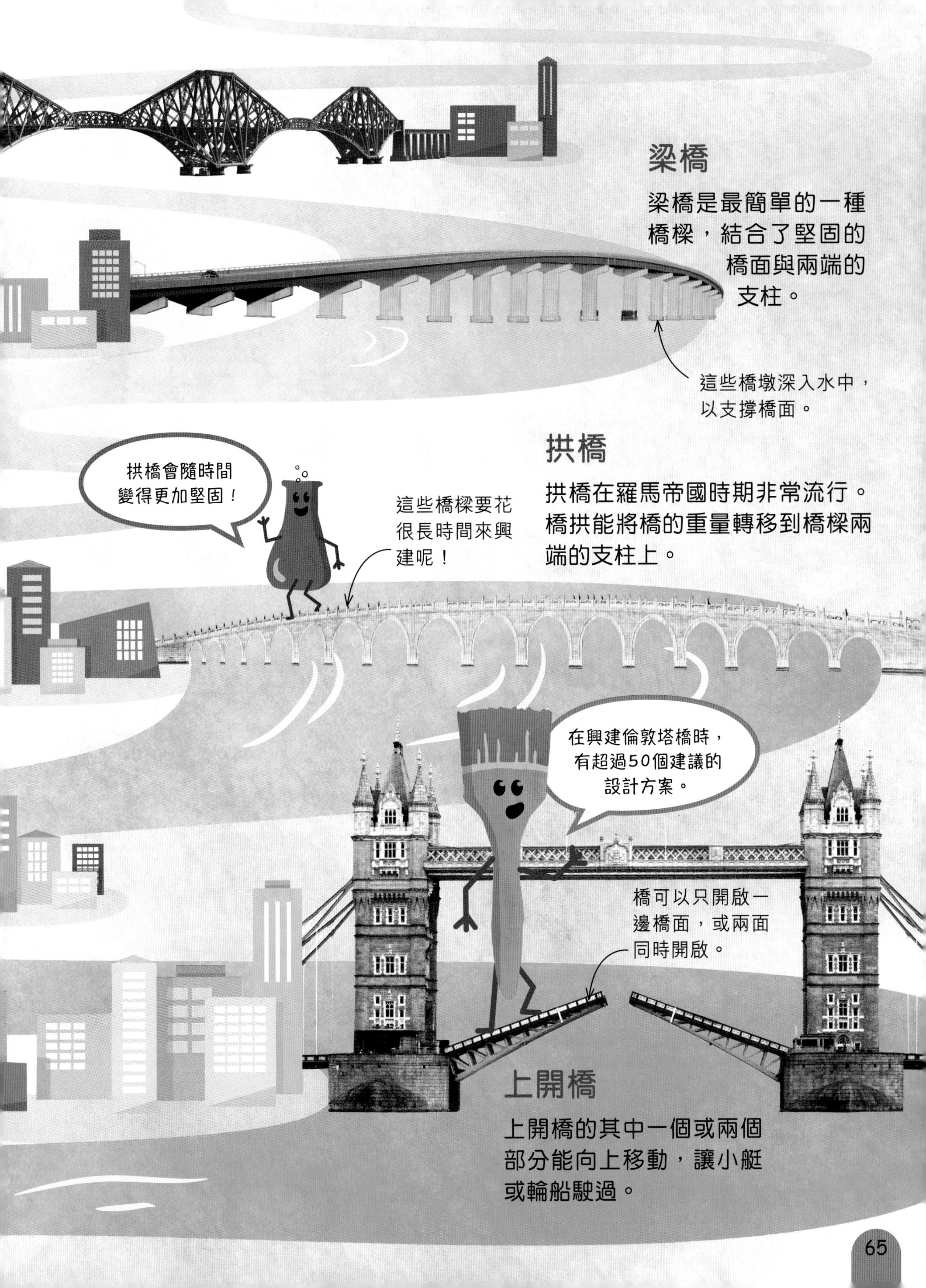

梁橋

梁橋是最簡單的一種橋樑，結合了堅固的橋面與兩端的支柱。

拱橋

拱橋在羅馬帝國時期非常流行。橋拱能將橋的重量轉移到橋樑兩端的支柱上。

上開橋

上開橋的其中一個或兩個部分能向上移動，讓小艇或輪船駛過。

到天空去

如果你要飛到空中，就必須克服地心吸力將你拉向地面的力。直升機和飛機會利用旋翼、機翼和引擎來飛到空中。

一架盤旋在空中的直升機，所有力都會平衡得剛剛好。

尾旋翼

阻力
阻力或空氣阻力是將直升機往後方拉的力。阻力會隨着直升機速度上升而增加。

如果沒有尾旋翼，直升機便會不斷打轉！

飛行的力量

直升機飛行時主要會受到四種力影響。阻力會讓它變慢，重力會將它帶回地球表面，升力令它上向升起，而推力會推動它前進。

直升機能往後飛！

飛行的夢想

意大利藝術家兼發明家達文西（Leonardo da Vinci）對飛行深深着迷。他仔細研究雀鳥，繪畫了很多幻想中的飛行工具，例如一款給人類使用的拍翼機器。

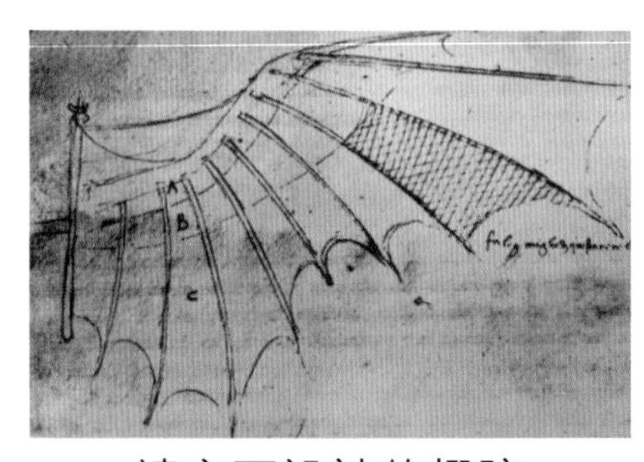
達文西設計的翅膀

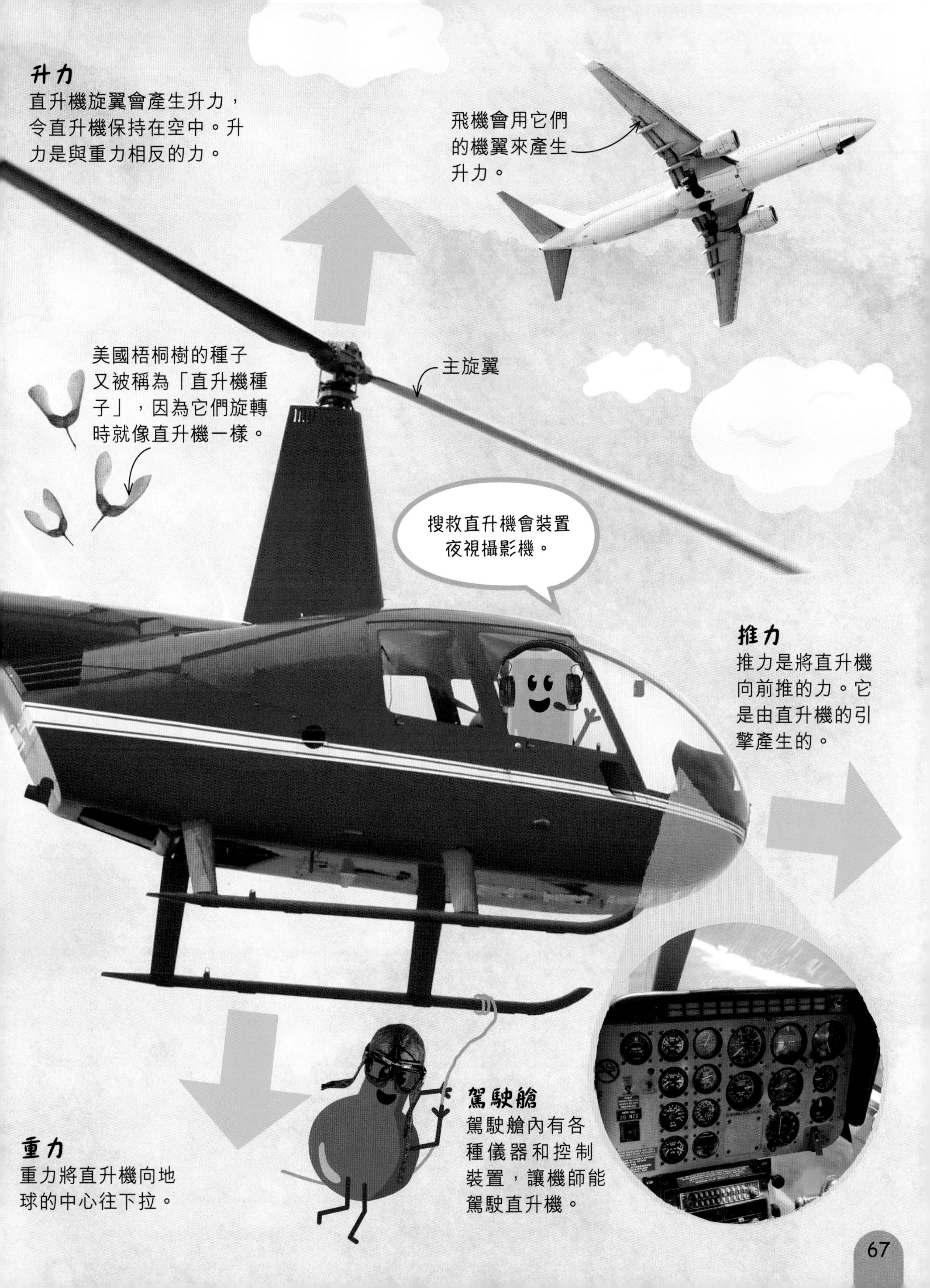
升力
直升機旋翼會產生升力，
令直升機保持在空中。升
力是與重力相反的力。
飛機會用它們
的機翼來產生
升力。
美國梧桐樹的種子
又被稱為「直升機種
子」，因為它們旋轉
時就像直升機一樣。
主旋翼
搜救直升機會裝置
夜視攝影機。
推力
推力是將直升機
向前推的力。它
是由直升機的引
擎產生的。
駕駛艙
駕駛艙內有各
種儀器和控制
裝置，讓機師能
駕駛直升機。
重力
重力將直升機向地
球的中心往下拉。

漂浮

一艘巨大的金屬船能夠浮起，是因為它充滿了空氣，而當中船佔據的所有空間，輕於或等於等量的水。

水會推向船，對抗船的重量。水往上的力比船的重量大，因此船能夠浮起。

水往上的力比船錨的重量小。

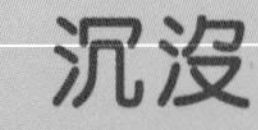

沉沒

物件的重量如果比水將它們往上推的力量大，便會沉沒。密度高的物料，例如金屬和石頭通常會往下沉，除非它們裏面有空氣。

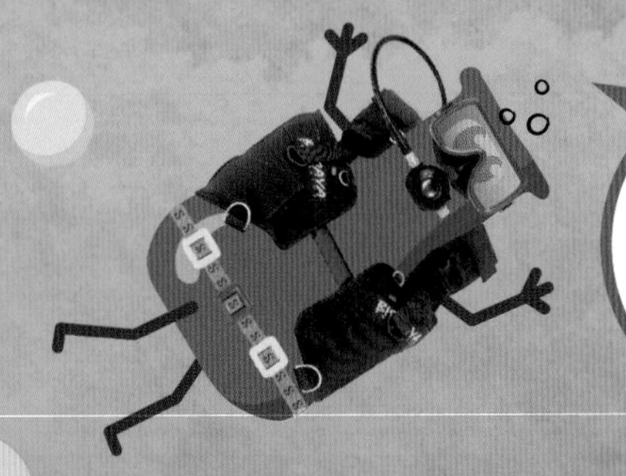

水肺潛水員會用充氣外套和重物，在水中上下移動，或維持在相同的深度。

浮與沉

為什麼巨型的輪船能夠浮在水面，而細小的鵝卵石卻會在瞬間下沉？這視乎哪一種力比較大——在水中的物件重量大，還是水將物件往上推的力量大。

阿基米德

阿基米德（Archimedes）是一位古希臘科學家。他留意到下沉的物件會將水排開，從而推算出如果物件的重量比它排開的水較大，它就會沉沒；如果物件重量比它排開的水較小，就會浮起來。

阿基米德在浸浴時，找出了物件會浮起或下沉的原因！

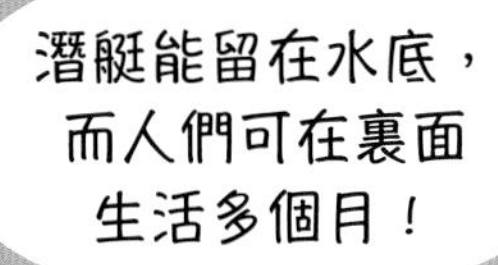

水箱內充滿空氣，令潛艇上升。

水面上
潛艇浮在水面時，它的水箱裏充滿空氣。

目前世界上最大的潛艇長約175米，可乘載約160名船員。

水箱注滿水，令潛艇下沉。

改變重量

潛艇能夠改變重量。它們設有水箱，能將水盛滿水箱，令潛艇變得更重；或是注滿空氣，令潛艇變輕。這樣，潛艇便能自由地下沉或上升。

往下沉
當往潛艇的水箱注水時，額外的重量會令潛艇變得比周圍的水更重，潛艇便會往下沉。

摩擦力

當兩件物體的表面互相摩擦時，便會產生摩擦力。我們來看看這輛單車，了解摩擦力是怎樣運作吧！

你的衣服和單車的坐位之間也有摩擦力，可以防止你從座位上掉下來！

剎車器與輪胎之間的摩擦力會減慢單車的速度。

摩擦雙手能產生摩擦力，也能產生熱能。

橡膠或金屬腳踏能產生摩擦力，避免你的雙腳滑動。

摩擦力怎樣運作

沒有任何東西的表面是完全光滑的——只要靠近觀察，便會看見它們被很多突起的細微物體覆蓋。當這些突起的物體互相卡住，便會令移動的物件減慢，例如輪胎的摩擦力能幫助它抓緊路面。

輪胎在路面移動。

輪胎與路面之間產生的摩擦力令速度減慢。

單車鏈會塗上潤滑劑。

潤滑劑能減少摩擦力，令單車鏈能移動得更順暢。

當降落傘下降時，
空氣會往上推向降落傘，
這也是摩擦力的一種，
稱為空氣阻力。
克服摩擦力
因為物件光滑的表面可以減少摩擦力的產生，所以滑雪板扁平、光滑和輕盈的特性，可以讓它輕易地滑過冰封的地面。
單車的手把會採用粗糙的物料製造，以產生摩擦力，使人更容易握緊。
單車越輕，就能移動得越快！
爬山單車的輪胎較厚，而且帶坑紋，可以抓緊崎嶇不平的山徑。競速單車的輪胎則較薄、較光滑，以便在賽道上迅速移動。
現今的輪胎常大多以克維拉纖維製造，以防止被刺穿。克維拉纖維是一種非常堅韌又輕盈的人造物料。

電

電是一種能量，可以為很多日常用品提供能源，包括燈泡、電視機等。試試觀察你的家，看看能找到多少種電器用品。

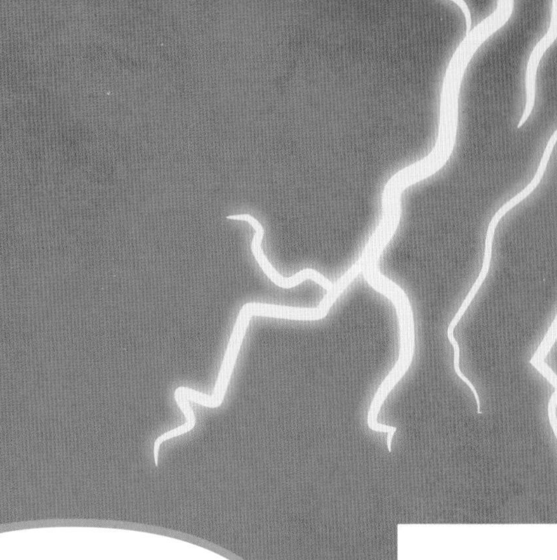

電纜能將電力作遠距離輸送，例如從發電站來到我們的家中。

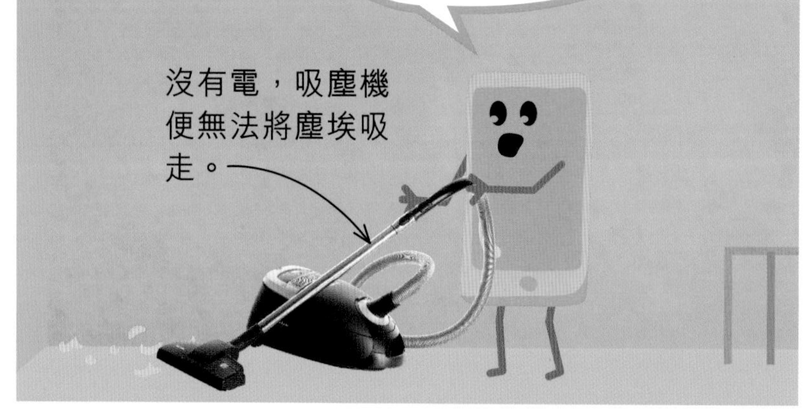

沒有電，吸塵機便無法將塵埃吸走。

電池

電池是一些能夠自行產生電力的小型物件。它們常為遙控器、收音機、電筒等提供能源。

在暴風雨中，雲中的水粒子會互相碰撞，以閃電的形式產生電。

太陽能電池板可以吸收陽光來發電。這是一種可再生或可替代的能源。

電掣

電掣負責控制家中大部分電器。打開電掣會令電開始流動，關閉電掣便能停止電流。

不需要使用電燈時，請把它關上。

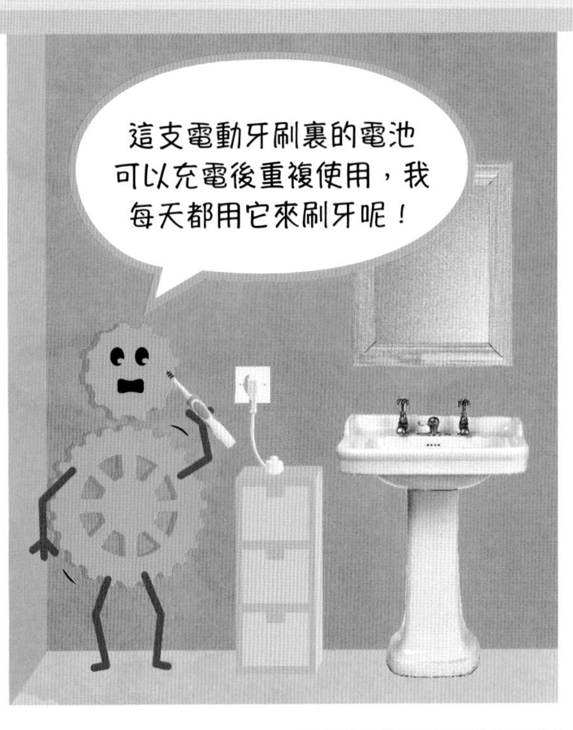

電線

金屬是導電體，代表它能讓電流通過。電線裏有金屬，而外面則被塑膠包裹住。塑膠是絕緣體，可阻止電逃出來。

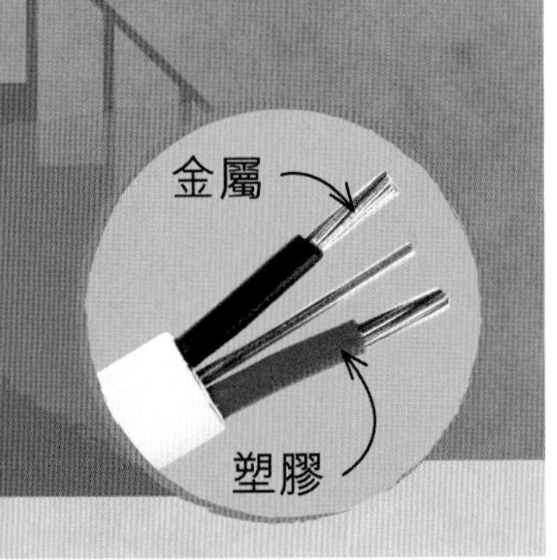

燈泡

你能想像在發明燈泡前，人們的生活是怎樣嗎？以前，人們要使用蠟燭和油燈來照明。現在，只要按下電掣，便有光了！

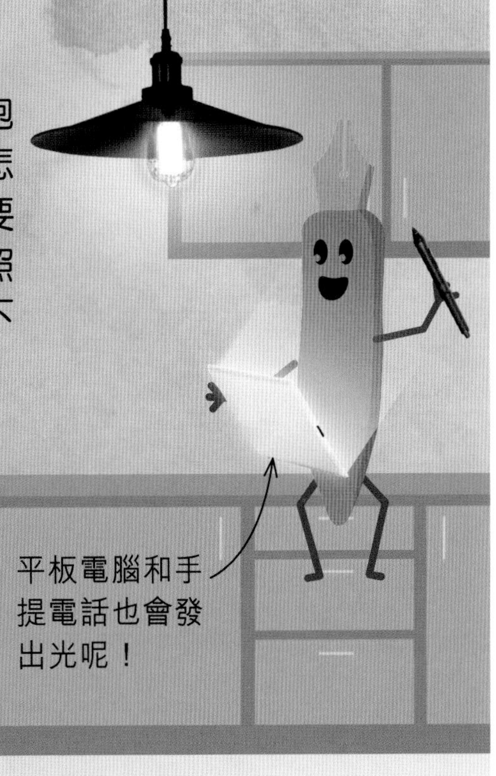

平板電腦和手提電話也會發出光呢！

互聯網

互聯網是一個將全球電腦連接在一起的網絡。透過互聯網，你能與遠方的朋友交談，下單購買一雙新鞋子，收看最新的電影，還能做很多很多事情！

智能手錶可透過互聯網與智能手機連接，用來打電話、付費購物、播放音樂等。

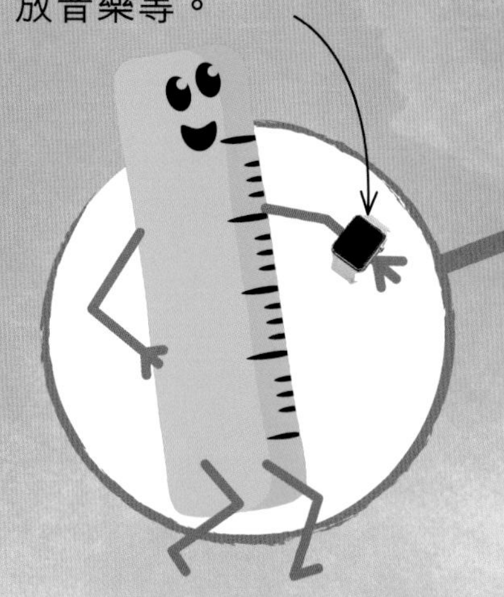

智能手機就像是可以攜帶在口袋裏的電腦。

我們可利用互聯網作視像通話，甚至能與身處太空的人聯絡！

智能手機能告訴你還有多久才到達目的地。

社交網絡

社交網絡是利用電腦和全球各地的人交談的一種方式。保障網絡安全非常重要，因此你應該只與認識的人聯絡，不要隨便向他人提供個人資料，例如你的地址或電話號碼。

網絡攝影機可用來與他人進行視像通話，也能設置在某一區域，用來作長期研究，例如觀察自然保護區。

地圖

智能手機有非常聰明的系統，能說出你身處在地球的哪個位置。因此，智能手機便能透過地圖，告訴你從一個地方前往另一個地方的最佳方法。

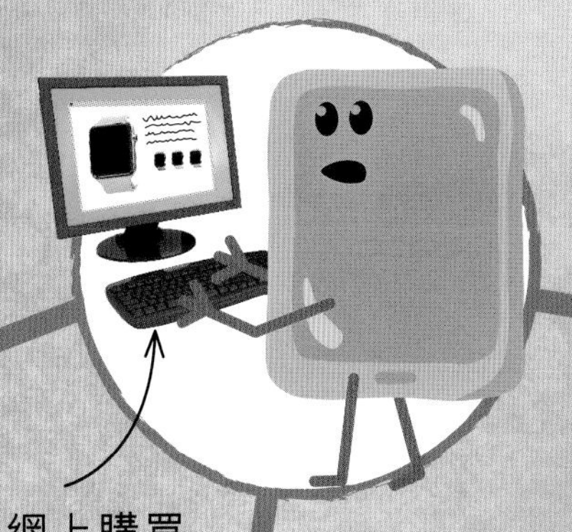

你可以在網上購買禮物，並透過速遞將它送到朋友和家人的手中。

購物

很多人會利用互聯網購買食物、衣服、書籍等。貨品可以在網上下單付款，不需要踏出家門半步，就直接送到家門前！

運送網上商品的貨車遍及全球。

有時，你甚至能即日收到貨品！

自互聯網發明以來，已完全改變了我們的生活方式！

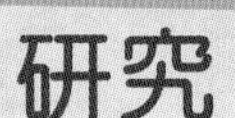

研究

我們能透過互聯網來搜尋喜愛的資訊，並認識更多讓我們感興趣的事物。

試挑選一個主題，看看你在互聯網上能找到多少相關資料。

串流

我們能利用互聯網收看電視節目、電影、短片，或欣賞我們喜愛的歌手或樂隊的音樂作品。

電腦病毒

當電腦病毒傳播 ，可能會令電腦運作速度減慢，或令它完全停頓。傳播電腦病毒的其中一個主要途徑，就是透過我們從互聯網下載檔案。

機械人

機械人是能夠為我們工作的機器。它們可透過電腦編寫的程式自行運作，或是由人類控制。機械人是一種極具吸引力的科技，總是不停有新的機械人面世。

人形機械人

有些機械人的設計會模仿人類的外貌、行動和感受。這些人形機械人能完成簡單的工作，並與人作伴。

圖像由Softbank Robotics提供

娛樂

機械人能為我們帶來娛樂。有些機械人會唱歌、跳舞或演奏樂器。寵物機械人也非常受歡迎，還有一些主題公園會設有巨型的機械恐龍。

機械義肢

失去手臂或腿部的人可以裝上機械義肢，使他們能夠進行之前無法做到的日常活動。

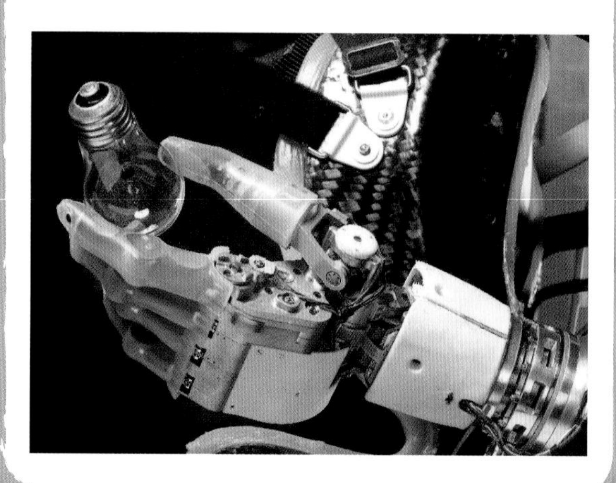

流動機械人

機械人最適合在極端的環境中工作。它們能深入冰川的裂縫，前往海底，甚至在太空工作！

保安機械人

保安機械人裝置了攝影鏡頭和感應器。無論是白天或晚上，它們在任何時間都能獨自在廣闊的範圍內巡邏，例如購物中心。

家居機械人

機械人能幫助我們完成那些沉悶又不太喜歡的家務。它們能洗地板、抹窗、熨衣服，甚至清理貓砂盤！

詞彙表

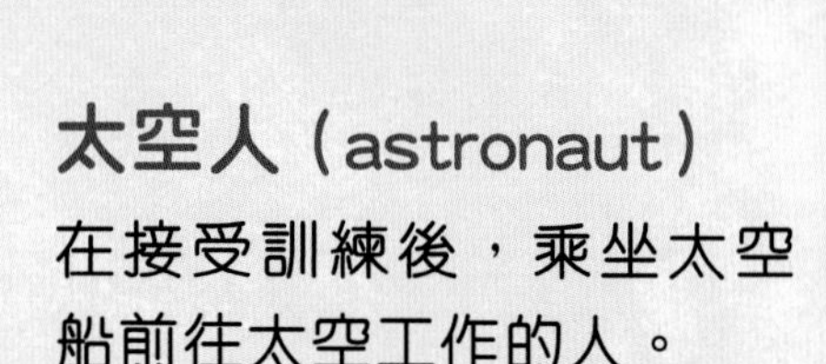

太空（space）
地球大氣層以外的空間。

星系（galaxy）
由星體、氣體和塵埃組成的龐大系統。

恆星（star）
一團巨大的發光氣體。

行星（planet）
巨大的球狀物體，圍繞恆星運行。

小行星（asteroid）
岩質的天體，比行星細小，圍繞太陽運轉。

矮行星（dwarf planet）
一種較細小的天體，具有行星的質量，卻不是行星，例如冥王星。

彗星（comet）
由塵埃和冰組成，圍繞太陽運轉。當接近太陽時，在背向太陽的方向會形成一條長尾巴。

衛星（moon）
圍繞行星，按軌道運行的天體。

月球（Moon）
由岩石和冰組成，圍繞地球運行，它是地球唯一的衛星。

黑洞（black hole）
太空裏的一種物體，擁有強大引力，沒有東西能逃出黑洞，包括光。

軸線（axis）
一條假想的線，它會穿過行星或恆星的中心。星體會圍繞它自轉。

人造衛星（satellite）
由人類建造的太空飛行器，用於收集科學數據。

太空探測器（space probe）
不載人的太空船，專門用來研究太空裏的物體，並將資料傳送回地球。

太空人（astronaut）
在接受訓練後，乘坐太空船前往太空工作的人。

原子（atom）
細小的粒子，我們身邊所有物體都由原子組成。

分子（molecule）
連結在一起的原子。

磁力（magnetic）
由磁鐵產生的作用力，能將某些金屬拉向它們。

磁場（magnetic field）
圍繞行星、恆星或星系的力場。

雷暴（thunderstorm）
帶有閃電與雷聲的風暴。

冰川（glacier）
體積龐大的冰，會沿着山坡緩慢滑下。

海洋生物（marine life）
生活在海洋裏或海洋附近的動物或植物。

鰓（gill）
魚類和部分兩棲類的器官，讓牠們在水中呼吸。

捕食者（predator）
藉着捕獵和進食其他動物為生的動物。

獵物（prey）
被捕食者作為食物。

器官（organ）
身體的一部分，負責進行特定工作，例如心臟。

感受器（receptor）
負責接受外界資訊。

吸收（absorb）
指吸取或接收，例如吸取養分、水分。

霉菌（mould）
一種真菌，它會在潮濕的地方生長。

污染物（pollutant）
棄置於水中、空氣或陸地的廢物，會損害環境。

激光（laser）
通過受輻射而產生或放大的光波，普遍被用於家居、工業、醫療等。

感應器（sensor）
機械人的一部分，用來收集周邊環境的資訊。

水肺潛水（scuba diving）
潛水員配戴水中呼吸工具所進行的潛水活動。

潛艇（submarine）
能夠在海面或潛入水底深處的船艦。

日曆（calendar）
一種表格展示了一年裏的日期、星期和月份。

望遠鏡（telescope）
用來觀看遠方物體。

風力發電機（wind turbine）
利用自然風來將動能發電的設備，設置於風力發電場。

互聯網（Internet）
電腦網絡與網絡之間所串連成的龐大網絡。

網絡攝影（webcam）
一種攝影機，能透過互聯網傳送照片或圖像。

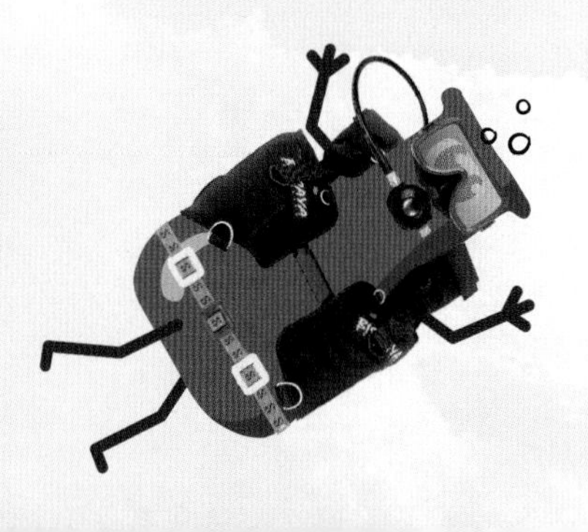

DK 希望向以下人士表達感謝：Dave Ball and Katie Knutton for design assistance; Yamini Panwar for hi-res co-ordination; Caroline Hunt for proofreading.

出版社感謝以下各方慷慨授權讓其使用照片：

(Key: a-above; b-below/bottom; c-centre; f-far; l-left; r-right; t-top)

1 Dreamstime.com: Shakila Malavige. **Dreamstime.com:** Tuulijumala (br) / Jaroslaw Grudzinski / jarek78 (bc, br). **3 123RF.com:** Andrzej Tokarski / ajt (clb); Mariusz Blach (crb); Imagehit Limited | Exclusive Contributor (cb). **Alamy Stock Photo:** Samyak Kaninde (br). **Dorling Kindersley:** Wildlife Heritage Foundation, Kent, UK (crb/Leopard). **Dreamstime.com:** Diosmirnov (c); Shakila Malavige; Santos06 (bl); Okea (crb/Coffee); Dragoneye (bc). **Fotolia:** Auris (cla). **4-5 Dreamstime.com:** Shakila Malavige. **6-7 Dreamstime.com:** Shakila Malavige. **8 Alamy Stock Photo:** Granger Historical Picture Archive (clb). **8-9 NASA:** ESA; G. Illingworth, D. Magee, and P. Oesch, University of California, Santa Cruz; R. Bouwens, Leiden University; and the HUDF09 Team. **9 NASA:** (ca). **10-11 Dreamstime.com:** Shakila Malavige. **11 NASA:** JPL-Caltech (ca). **PunchStock:** Westend61 / Rainer Dittrich (cla). **12-13 Dreamstime.com:** Shakila Malavige. **13 NASA:** Carla Thomas (tr). **14-15 Dreamstime.com:** Shakila Malavige. **15 Dreamstime.com:** Jacglad (clb). **NASA:** MPIA / Calar Alto Observatory (br). **16 Dreamstime.com:** Clearviewstock (crb); Lars Christensen / C-foto (bc). **16-17 Dreamstime.com:** Shakila Malavige. **17 Dorling Kindersley:** Andy Crawford (tr). **18 123RF.com:** Boris Stromar / astrobobo. **Dreamstime.com:** Loren File / Lffile (Flag). **18-19 Dreamstime.com:** Shakila Malavige. **19 NASA:** (c). **20 123RF.com:** luisrsphoto (bl). **Dreamstime.com:** Melonstone (crb). **20-21 Dreamstime.com:** Shakila Malavige. **21 123RF.com:** Andrzej Tokarski / ajt (cla); klotz (crb); Vitalii Artiushenko (ca). **Dreamstime.com:** Terracestudio (ca/Hat). **22 123RF.com:** Imagehit Limited | Exclusive Contributor (cb); Pongsak Polbubpha (cl); Mariusz Blach (cb/Coffee cup). **Dreamstime.com:** Okea (br); Shakila Malavige (t). **23 123RF.com:** Mariusz Blach (clb). **Dreamstime.com:** Bigphoto (cb); Grafner (cr). **24-25 Dreamstime.com:** Shakila Malavige. **24 123RF.com:** Gino Santa Maria / ginosphotos (cr); lurin (cb). **Dreamstime.com:** Mangojuicy (bl). **25 123RF.com:** Andrew Barker (cb); Stanislav Pepeliaev (bl); mreco99 (crb). **Getty Images:** Erik Simonsen (t). **26 Alamy Stock Photo:** Hideo Kurihara (cra). **U.S. Geological Survey:** (b). **26-27 Dreamstime.com:** Shakila Malavige. **27 Dorling Kindersley:** Stephen Oliver (cr). **US Geological Survey**. **28 123RF.com:** Александр Ермолаев / Ermolaev Alexandr Alexandrovich / photodeti (ca). **Alamy Stock Photo:** Benny Marty (cl). **Dorling Kindersley:** Jerry Young (ftl, tc). **29 Dorling Kindersley:** Gyuri Csoka Cyorgy (fcr). **Dreamstime.com:** Cosmin Manci / Cosmin (cr); Johnfoto (tl). **30-31 Dreamstime.com:** Shakila Malavige. **30 Dreamstime.com:** Alisali (c). **31 123RF.com:** ccat82 (crb). **Dreamstime.com:** Alle (clb, c). **iStockphoto.com:** thawats (cl). **32 Dreamstime.com:** Christophe Testi (c); Travelling-light (c/Pad). **32-33 Dreamstime.com:** Shakila Malavige. **33 Dreamstime.com:** Guido Nardacci (cr). **34 Dreamstime.com:** Iakov Filimonov / Jackf (cl). **Getty Images:** Rhinie van Meurs / NIS / Minden Pictures (cr). **34-35 Dreamstime.com:** Shakila Malavige. **35 Dreamstime.com:** Jlcst (br); Travelling-light (cb). **36 123RF.com:** Steve Byland (clb). **Alamy Stock Photo:** B Christopher (cb). **37 123RF.com:** Ten Theeralerttham / rawangtak (cl, fcra). **Alamy Stock Photo:** blickwinkel (c); imageBROKER (cra); Roberto Nistri (fcl, cr); Samyak Kaninde (br). **Dorling Kindersley:** Wildlife Heritage Foundation, Kent, UK (cb). **Dreamstime.com:** Dragoneye (bl); Kevin Panizza / Kpanizza (ca); Fenkie Sumolang / Fenkieandreas (tr). **Getty Images:** Paul Kay (c/Green sponge). **38-39 Dreamstime.com:** Shakila Malavige. **38 Dorling Kindersley:** Thomas Marent (cr). **Fotolia:** Eric Isselee (c). **39 Alamy Stock Photo:** Amazon-Images (bc); Life on White (br). **Dorling Kindersley:** Jerry Young (crb, bl); Natural History Museum, London (cla/Butterfly); Andrew Beckett (Illustration Ltd) (cl). **Dreamstime.com:** Travelling-light (c). **Getty Images:** Gravity Images (cla). **40 123RF.com:** Ekasit Wangprasert (cl); rawpixel (crb). **Dreamstime.com:** ArchitectureVIZ (clb); Whilerests (cb); Haiyin (fcl); Maksim Toome / Mtoome (c). **40-41 Dreamstime.com:** Shakila Malavige. **41 123RF.com:** Andrey Kryuchkov / varunalight (c); jezper (cb). **Dreamstime.com:** Radha Karuppannan / Radhuvenki (cla); Jan Martin Will (br). **Getty Images:** Jeff J Mitchell / Staff (crb); Miles Willis / Stringer (cra). **42-43 Dreamstime.com:** Shakila Malavige. **Science Photo Library:** Steve Gscmeissner (c/Dust mite). **42 Dreamstime.com:** Sebastian Kaulitzki / Eraxion (cb). **Science Photo Library:** Steve Gscmeissner (c). **43 Getty Images:** Kateryna Kon / Science Photo Library (clb); Science Photo Library (b). **44-45 123RF.com:** Natallia Yeumenenka (cb). **45 Depositphotos Inc:** chaoss (ca). **Dreamstime.com:** Alexey Romanenko / Romanenkoalexey (bc). **46-47 Dreamstime.com:** Shakila Malavige. **47 Dreamstime.com:** Tuulijumala (cra). **48-49 Dreamstime.com:** Shakila Malavige. **48 123RF.com:** Peter Lewis (c). **Dreamstime.com:** Bjørn Hovdal (cra). **49 123RF.com:** Evgeny Atamanenko (ca); Peter Lewis (cl). **Dreamstime.com:** Cebas1 (cra). **50-51 Dreamstime.com:** Shakila Malavige. **50 123RF.com:** Aleksandr Belugin (cra); Andriy Popov (clb). **Dreamstime.com:** Petr Jilek (clb/Mud). **51 Dreamstime.com:** Daniel Ryan Burch (ca); Petr Jilek (bc). **52-53 Dreamstime.com:** Shakila Malavige. **52 123RF.com:** Dejan Lazarevic (r). **Dorling Kindersley:** A. Hardesty (cl). **53 Dreamstime.com:** Daniela Pelazza (clb); Jannoon028 (clb/wood); Santos06 (cb). **Getty Images:** Andrew Harrer / Bloomberg (cb/Object). **54-55 Dreamstime.com:** Shakila Malavige. **54 Dreamstime.com:** Lars Christensen / C-foto (cra). **55 123RF.com:** belchonock (clb/Clock); yarruta (cla); Tim Markley (bc). **Depositphotos Inc:** tangjans (clb). **Dreamstime.com:** Georgii Dolgykh (ca); Marilyn Gould (cl); Vladvitek (cr). **56-57 Dreamstime.com:** Shakila Malavige. **56 123RF.com:** tobi (cl). **Dreamstime.com:** Diosmirnov (ca); Winai Tepsuttinun (r). **57 Dreamstime.com:** Diosmirnov (c); Travelling-light (cla). **58 Dorling Kindersley:** Jerry Young (c, crb/Snail). **Dreamstime.com:** Brad Calkins (crb); Travelling-light (bc); Elena Schweitzer / Egal (cra); Olga Popova / Popovaphoto (cra/Marker); Jannekespr (br). **58-59 Dreamstime.com:** Shakila Malavige. **59 123RF.com:** Andrzej Tokarski / ajt (cb). **Dorling Kindersley:** Booth Museum of Natural History, Brighton (ca, ftr). **Dreamstime.com:** Andrey Burmakin / Andreyuu (c/Shield bug); Svetlana Larina / Blair_witch (ca/Butterfly, ftr/Butterfly); Cosmin Manci / Cosmin (ca/Beetle, c/Beetle); Isselee (ca/Firebug, c/Firebug); Sutisa Kangvansap / Mathisa (cl, cr). **Fotolia:** Auris (ca/Flask). **60 123RF.com:** Natthapon Ngamnithiporn (cb). **60-61 Dreamstime.com:** Shakila Malavige. **61 123RF.com:** Steve Collender (cr); Antonio Balaguer Soler (fcr). **Dreamstime.com:** Minaret2010 (bc). **62 Alamy Stock Photo:** Maurice Savage (c); Mihai Andritoiu - Creative (cb); oroch (br). **62-63 Alamy Stock Photo:** Arch White (t). **Dreamstime.com:** Shakila Malavige. **63 Alamy Stock Photo:** Clair Dunn (ca); Xinxin Cheng (c); Mark Davidson (crb). **64-65 Dreamstime.com:** Shakila Malavige; Zhanghaobeibei (c). **64 Alamy Stock Photo:** Granger Historical Picture Archive (crb). **65 123RF.com:** spaxia (c). **Dorling Kindersley:** Stephen Oliver (cl). **Dreamstime.com:** Gv1961 (tr); Luis Louro (bc); Nadezhda1906 (br). **66 Alamy Stock Photo:** Dariusz Kuzminski (tl); studiomode (cra). **66-67 Dreamstime.com:** Shakila Malavige. **67 Dorling Kindersley:** Fleet Air Arm Museum (c, br). **Dreamstime.com:** Chris Brignell (fcra, cra). **68-69 Dreamstime.com:** Shakila Malavige. **69 Dreamstime.com:** Maksym Gorpenyuk / Tass (cra); Yudesign (tl). **70-71 Dreamstime.com:** Shakila Malavige. **70 123RF.com:** Pablo Scapinachis Armstrong (bc). **Dreamstime.com:** Kitchner Bain (bc/TV). **71 123RF.com:** Kanoksak Tameeraksa (cla). **Dreamstime.com:** Dary423 (cr); Juan Moyano (cra); Milkos (crb). **72 Dreamstime.com:** Ali Mustafa Pişkin (cra); Tuulijumala (cl); Axstokes (clb, crb); Erol Berberovic (cb). **iStockphoto.com:** Luca di Filippo (cr). **72-73 Dreamstime.com:** Shakila Malavige. **73 Dorling Kindersley:** Peter Minister (cra/T.Rex). **Dreamstime.com:** Ali Mustafa Pişkin (tl); Robwilson39 (tc); Angelo Gilardelli (cra); Profyart (cr); Badboo (crb); Axstokes (fcrb). **Fotolia:** Maxim Kazmin (tl/Computer). **74-75 Dreamstime.com:** Shakila Malavige. **74 123RF.com:** Kanoksak Tameeraksa (c). **Dorling Kindersley:** John Rigg, The Robot Hut (clb). **Getty Images:** John B. Carnett / Bonnier Corporation (br). **Humanoid robot created by Softbank Robotics:** (cra). **75 123RF.com:** chris brignell (cb); goodluz (cra); Thomas Hecker (clb, cb/Frame); Vadym Andrushchenko (fcrb). **Dreamstime.com:** Alex Scott / Alexjpscott (clb/Garden); Nikolai Sorokin (crb). **iStockphoto.com:** ernie decker (tc). **Knightscope, Inc.:** (bl). **76 Alamy Stock Photo:** Roberto Nistri (bc). **Dreamstime.com:** Kevin Panizza / Kpanizza (br). **76-77 Dreamstime.com:** Shakila Malavige. **77 NASA:** JPL-Caltech (tc). **78-79 Dreamstime.com:** Shakila Malavige. **80 Dreamstime.com:** Shakila Malavige
Endpaper images: Front: **Dreamstime.com:** Shakila Malavige; Back: **Dreamstime.com:** Shakila Malavige.

Cover images: Front and Back: **Dreamstime.com:** Diosmirnov (chef hats); Front: **123RF.com:** alisali cl/ (flowers), Andrzej Tokarski / ajt crb/ (snail), Mariusz Blach br/ (cup), tobi tr/ (pot); **Alamy Stock Photo:** Samyak Kaninde bl/ (pika); **Dorling Kindersley:** Booth Museum of Natural History, Brighton cra/ (beetle), Wildlife Heritage Foundation, Kent, UK bl/ (leopard); **Dreamstime.com:** Alle fcl/ (bees), Andrey Burmakin / Andreyuu cra/ (bug), Cosmin Manci / Cosmin cr/ (beetle), Torian Dixon / Mrincredible tl/ (planets), Dragoneye bl/ (goat), Isselee cra/ (firebug), Okea br/ (coffee splash), Santos06 bc/ (cart), Shakila Malavige br/ (background), Sutisa Kangvansap / Mathisa cr/ (butterfly), Svetlana Larina / Blair_witch fclb/ (butterfly), Travelling-light tr/ (note pad); **NASA:** cla/ (Voyager); Back: **123RF.com:** tobi cra/ (pot); **Dreamstime.com:** Jannoon028 crb/ (plank), Tommy Schultz / Tommyschultz clb/ (coral); **iStockphoto.com:** thawats fclb/ (butterfly); Spine: **123RF.com:** goodluz b/ (remote control).